U0146910

未读 | 探索家

给仰望者的天文朝圣之旅

THE SOUL OF THE NIGHT: AN ASTRONOMICAL PILGRIMAGE

〔美〕切特·雷莫 Chet Raymo——著

高爽——译

北京联合出版公司
Beijing United Publishing Co.,Ltd.

献给莫琳

目录

前言

对人们最常提出的关于宇宙的“大”问题，现代天文学提供了谨慎的回答。宇宙是什么？宇宙从哪里来，将要到哪里去？宇宙是由什么组成的？以及，在大地之上，像萤火一样在物质表面起舞的、名为生命的东西，又是什么？

这些来自新天文学的回答，向我们展现了与人类尺度极不相称的时空。在这之中，包括多如恒河沙的恒星，每一颗（可能的）潜在的温暖的行星，或是其他充满了生命的星球；包括星系——千亿颗恒星于星云中诞生，又在壮烈的爆炸中死亡；包括或斑斑点点或如丝如缕的星系集团，跨越数光年甚至数十亿光年，好似窗外光线下飞舞的微尘；还包括世界的边缘，让我们得以抵达最初的那个无中生有、创造万物的时刻。

很多人容易被新天文学吓到，更愿意躲进无知的舒适区里。但是，如果我们真的对“我们是谁”这样的问题感兴趣，就必须足够勇敢地接受感观和理性告诉我们的一切；必须进入充满星系和天文数字的宇宙，甚至冒着承受精神眩晕的风险，了解我们最终必须得知的一切。

但是，如同博物学家约翰·巴勒斯[1]所说，了解只是一半，而爱是另一半。接下来的这些篇章是知道和热爱的练习，是一个人进入黑暗和寂静的夜空中探寻人生意义的朝圣之旅。探寻的回报是瞬间的顿悟、神赐般的启示，以及与一种比我们更伟大的事物的短暂邂逅——那是一种力量，一种美，把我们引入对最遥远天体的狂喜的沉思中。偶尔，如果我们足够幸运，还可以得到一个令人惊叹、超乎寻常的夜晚。用诗人杰拉尔德·曼利·霍普金斯[2]的话说，这样的夜晚“如抖动的银箔般闪耀”。

这趟旅程，我们每个人都必须独自前往。进入恒星和星系的王国，触碰宇宙的极限，抵达时空的边界。在那里，我们的心灵会接触终极的秘密，和已知的不可知相遇。这是一场探寻夜之魂的朝圣之旅。

---

1 约翰·巴勒斯（John Burroughs，1837—1921），美国博物学家、散文家，美国环保运动中的重要人物。巴勒斯不只是一位科学博物学者，更是一位有责任心记录自己对大自然独特视角的人文博物学者。国会图书馆“美国记忆”项目中的传记作家将约翰·巴勒斯视作继梭罗之后，美国文学的自然散文领域中最重要的实践者。其代表作《醒来的森林》被誉为自然文学中的经典之作。（本书注释均为编者注）

2 杰拉尔德·曼利·霍普金斯（Gerard Manley Hopkins，1844—1889），是一名英国诗人、罗马天主教徒及耶稣会神父，其故后在20世纪的声誉，使他成为最负盛名的维多利亚诗人。

1

寂静

昨天在波士顿的大街上，我看到一个年轻人滑着滑板撞了一个小孩儿。滑板冲入人行道，朝着一个小女孩全速直撞过去。我当时就在现场，在一个不太近也不太远的位置上看到了发生的一切。一切发生得悄然无声。一切发生在死寂之中。吓坏了的孩子试图躲避冲撞，她的哭声，她的妈妈在那一刻的尖叫声，都被灰色羊毛般昏暗的11月天空吸收掉了。孩子的身体毫不费力地腾空而起，缓慢运动，宛如在梦中飘浮，然后跌落，撞到人行道上，两次。就像一个皮球，弹跳，然后静止。

所有这一切发生的时候，安静极了，就像是我正在用天文望远镜观看一幕发生在另一颗行星上的悲剧。我曾观测太空中的恒星爆炸，巨大的、行星状碎裂的、几光年远的场面，透过眼前望远镜冰凉的玻璃镜片呈现，绝对寂静。我在波士顿的大街上目睹的场景给我的感受就像那次观测一样。

就在那孩子腾空而起的时间里，地球携着她向东自转了800米，地球相对太阳的运动又让她反过来朝西移动了64千米。在银河系的所有恒星之中，太阳系带着她飘移，悄无声息地朝着织女星的方向运动了32千米。她也乘着围绕银河系的转轮行过480千米，环过中心闭合成一个完美的圆。在穿越宇宙的壮丽飞行结束后，她撞回地面，又像个皮球一样弹起。她升向空中，在银河系中漫游，再跌落人行道上。

似乎有一层薄膜把我们和混乱隔绝开来。孩子被滑板撞飞，缓慢运动后静止下来。这期间存在一个漫长的间歇。鸽子在灰色的天空中冻结，人行道上漫步的行人呆若磐石，培根大街的交通停滞。小女孩的身体安静地躺在柏油路面上，就像一张发皱的报纸。妈妈的哭喊声迷失在星辰间的虚空里。

我们要如何理解宇宙的寂静？有人说，陨石进入地球大气层的时候，肯定会呼啸着四分五裂。但在地球的大气层之外，星空依然不声不响。星系中燃烧的灌木没有发声。银河流淌过夏夜黑暗的浅滩，也没有激起易被察觉的波纹。恒星自己吹散星风，发出的声响我们无可辨析。几百万个太阳系被银河系中心的黑洞吸入，像羽毛飘落一样无声无息。宇宙在大爆炸中开始膨胀，创世的火球悄悄地释放出无限能量，像根终极的爆竹一样。这里没有任何声迹。薄膜破裂了，一个孩子飞越半空，宇宙保持沉默。

在耶稣受难日和复活节之间的天主教教堂里，钟声也是沉默的。遵循欧洲12世纪的习惯，大钟被“黑暗乐器”所替代，木头发出的噼啪声响和其他东西产生的噪声，都提醒着信徒们声音所带来的恐惧，那总会让人联想到耶稣基督之死。人们无法相信神会死去，而天堂竟然对此保持沉默。果然，闪电击中耶稣受难的加略山。神殿轰响着出现裂隙。大地震动，岩石迸开，群星仍在闪烁。这喧响与雷电，根据中世纪的风俗，是人们在复活节的仪式上用木器制造出来的。

可是，昨天，在波士顿的大街上，一个孩子腾空而起，天空对此无动于衷。我听着，把愤怒的感官音量开到最大，可却什么也没能听到。

※

米开朗基罗·安东尼奥尼的电影《红色沙漠》中有这样一个场景：一个女人走进建筑工地，男人们正在那里建造大型射电望远镜阵列。“这些是做什么的？”她问。其中一名工人回答：“它们用来听星星的声音。”“哦，”她懵懂又热切地惊叫，“我能听听吗？”

让我们听听。让我们把花费数百万美元建造的望远镜连接上厨房里的收音机，然后将恒星辐射的能量转化为声音。我们会听见什么？各种元素随机产生的爆裂声，恒星大气中的电子能级跃迁产生的静电声，氢的嗡嗡声，试图遵循量子物理随机率的物质产生的嗞嗞声和噼啪声——随机的、统计的、无关紧要的噪声，就像忙碌蜂巢里传出的争论或是海浪拍打木板发出的叹息。

我读高中的时候，在玻璃罐中做过一个电铃实验。电铃悬挂在罐子里，电线通过将瓶口密封住的橡胶塞上的小孔与电源连接。打开电铃的电源让它响起来，然后抽出玻璃罐子里的空气。慢慢地，电铃的声音逐渐消失了，而铃舌还在如静默的刺青针般敲击着。我们观察着铃舌在真空中无声地拍打，就像看到一只飞蛾在窗外用柔软的翅膀击打着玻璃。

和玻璃罐中的真空相比，恒星之间的空间更加空旷。恒星之间的空旷是难以想象的浩瀚。如果太阳是波士顿的一只高尔夫球，地球就是4米远的针尖儿，而最近的恒星——半人马座α——将是辛辛那提的另一只高尔夫球（它是三星系统，所以实际上是两只高尔夫球加上一粒豌豆）。和恒星本身的尺寸相比，恒星之间的距离是如此遥远。在波士顿的一只高尔夫球；在辛辛那提的另两只高尔夫球与一粒豌豆；在迈阿密的一颗玻璃球；在旧金山的一个篮球。恒星之间的广袤无垠没有道路相连，只有比如今地球上能够制造出的更加完美的真空。银河系中，我们所在的这个区域里，星际空间中每立方厘米仅含有大约一个物质原子，也就是说，每个原子占据着一块方糖大小的空间。星际空间的寂静真空要比玻璃罐子中的真空密集一百万倍。在这几乎完美的真空中，恒星爆炸，陨石在卫星上撞击，行星分崩离析，这些动静都不会比玻璃罐里跃动的电铃更响亮。

我曾经通过一架性能强大的望远镜观测蟹状星云。那星云是恒星爆炸后正在扩散的残骸，残存的外圈物质扩散到8光年宽，距离我们5000光年远。我当时在望远镜里见到的东西，充其量就是一块模糊的小光斑，与其说是一颗正在消亡的恒星，倒不如说更像是目镜上的一小片被烟熏过留下的污迹。通过望远镜看它，一半靠视觉，一半靠想象。在模糊的光斑中，我很容易想象到向外扩散的激波、高能辐射的包层、撕裂的气态细丝，以及死亡恒星破碎和脉动的遗迹。我的目光紧贴着望远镜目镜停了一刻钟的时间，我体验到强烈的能量释放感，如同老房子倒塌在地基上，而炸药专家精确控制了掀起灰尘的方向。在看到蟹状星云的时候，我感觉自己应该戴上耳塞，像炮兵或是操作电锤的工人那样保护自己的耳朵。但实际上什么声音也没有。

中国古人见到了蟹状星云爆发的过程。公元1054年，金牛座出现了一颗新星。它接连燃烧几个星期，亮度超过金星，甚至在白天也足以被人们看到。之后，这颗星逐渐暗淡下去，直到消失不见。中国古人在史书中将其记录为“客星”。900年之后，爆发还在继续。我们将望远镜指向1054年金牛座出现“客星”的区域，就能看到喧腾的气体泡泡还在疾速向外扩张。

多丽丝·莱辛在她的太空幻想编年史的开头是这么说的：“我父亲，过去就这么坐着，一个小时接着一个小时，一夜接着一夜，坐在位于非洲的我家的门外，看着星星。‘那么，’他会说，‘如果我们爆炸了，也还有那么多的世界存在呢。’”[1]是的，即便它们当中现在或今后有那么一两颗爆炸了，也还有那么多呢。数万亿颗恒星遍布在真空的空间里，其中一颗在1054年爆炸了，中国人看到了；一颗在1572年爆炸了，第谷·布拉赫看到了；还有一颗在1604年爆炸了，开普勒看到了。它们都陷于令

1 节选自多丽丝·莱辛（Doris Lessing，1919—2013）的科幻小说《希卡斯塔》（*Shikasta*）。

人敬畏的寂静。

※

宇宙在物理层面的寂静，对应着道德上的沉默。一个孩子在空中腾飞之后受伤，而星系继续围绕着各自的轴线有条不紊地旋转。但是，为什么我还心有不甘呢？在九天之外，不存在极乐世界，也没有众神在享宴之余一瞥人世间的疾苦。天外存在的，只是一个又一个遥远的星系，壮丽而安静地旋转着，高悬于上却对我们的生活漠不关心。星系的数量可能无穷无尽，我们的愤怒却不能每时每刻都持续。有限的生活，分配于无限的宇宙，结果已渺小到足以忽略不计。

从我居住的新英格兰村走到繁忙的主街只有几百米，奎塞特小溪蜿蜒穿过沼泽，看起来似乎就同我所希望的那样遥远。在11月顺流而下，会来到一片原始的寂静之地。溪水暗淡而迟缓，把柳树根和厚厚的箭头状绿叶搅动得像糖浆一样混浊。风在空中止步，鸟儿早已南逃。越野自行车在冬天被堆积起来，雪地摩托还藏在车库后面落灰。11月的这几个星期，奎塞特小溪附近的沼泽就像星际空间一样寂静。

我们对寂静的掌控十分脆弱。长途高速路上的货运车厢吱吱作响，有时这点噪声就足以打断梭罗的沉思。梭罗有足够的洞察力去了解，在离瓦尔登湖不远处的菲茨堡铁路上鸣响的汽笛声除了预示着火车即将进站似乎还有更多的含义，但他几乎想不出如果科技扰乱我们原本自然宁静的世界会引发什么后果。梭罗迷恋猫头鹰。“它们的叫声，”他说，“和沼泽地与黄昏的树林特别般配。”在猫头鹰的叫声之间，只有深沉的、给人以启发的宁静。梭罗说：“它们的叫声之间夹杂着一种空旷的、未经开垦的自然，而人类还没能充分理解这些。”梭罗沉醉于这间隙的寂静，就像我痴迷于11月里沼泽的沉默不语。

在学生时代，我偶然读到马克斯·皮卡德的著作《沉默的世界》。这本书提供了相较于之前的我而言，对现在的我来说更有价值的视野。沉默，皮卡德说，是语言的源泉，并且，抑制语言的结果只能是将它反反复复地再现。只有与沉默相关，语言才有意义。这是皮卡德赐予的宝物。带着这一层面的沉默的意义，我的思绪回到了11月的奎塞特小溪旁的沼泽。沉默，这沉默让我面对恒星，面对默不作声旋转着的笨重星系，面对真空中上帝敲打大钟发出的叮当声响。恒星的沉默，是创造和再造的沉默。

这样的沉默无法命名，这样的沉默只能被独自探索。沿着瓦尔登湖的岸边，猫头鹰啼鸣着发问，回答隐藏在鸣叫间隙的寂静中。那间隙短暂却无限深邃，夜之魂潜藏其中。

我乘独木舟沿着溪水顺流而下时竖起耳朵聆听，就像动物嗅探着风中食物或天敌的气息。我不确定在这沉默之外，在一切缺席的声响之外，我还想听到什么。可能是一声干涩的啼鸣，用诗人华莱士 · 史蒂文斯的话说："屋外传来一声干涩的啼鸣……唱诗班C调唱得最好的歌者……还离得很远。"[1]是我所求的太多了吗？我不求肆意大作的铃声，也不求震裂神庙的惊雷。我只求远处柳树林里一声干涩的啼鸣，还有那遥远星系中丛丛柔荑的飒飒窸窣。

※

一个孩子被滑着滑板的年轻人撞飞，跌落在人行道上静止不动。鸽子在灰色的天空中冻结，人行道上漫步

---

1 节选自华莱士·史蒂文斯（Wallace Stevens，1879—1955）的诗作《不是关于事物的理念而是事物本身》（*Not Ideas about the Thing but the Thing Itself*）。

的行人呆若磐石。孩子的身体像发皱的报纸一样在那里躺了多久？我的心脏像真空中静默拍打的电铃一样跳了多久？可能是一分钟，也可能只有零点几秒。在这之后，世界本来的节奏恢复如初，人群潮水般聚集。有个人把受伤的孩子抱起来，和她的妈妈一起匆忙寻求帮助。好事者心烦意乱地散开。城市的喧闹声吞噬了公共空间，培根大街的交通再次运作起来。

2

在黑暗的时光里

小时候，有一次父亲把我从睡梦中叫醒，只为让我一睹彗星的光彩。他从收音机里听说，一颗彗星将在黎明之前几个小时的东方天空现身。我穿上拖鞋，披上夹克，跟着父亲来到院子里。瞌睡虫跟在我身后，像是彗星的尾巴。我们父子二人一同站在黑色的松树之间，仰头寻找着星夜中的小斑点。

在我记忆中残留的影像当下却清晰起来了。父亲其实并不知道彗星究竟长什么样子，也无法确定它会出现的精确方向，我们只能尽力在天空中找个大概。我猜测，他想象中的彗星拖曳着一条长长的光轨，会像天使降临时吹奏喇叭一样宣告自己的登场。他想象着滔天巨响和光芒四射。他期待着天际燃起火焰。他想让我看见这一切。

我们没能看见那颗彗星。可能对于天文学家来说那只是每年例行来访的十几颗彗星中的一颗，只能依靠双筒望远镜、天文望远镜或照相底片才能看得见。又或许，那颗对肉眼来说太暗的彗星就隐藏在松树之间，没有被我们发现。我们站在结霜般的冰冷空气中寻找着它，直到东方的天空晨光熹微。那一夜，给了我最初的关于群星的记忆。没有名字的、不可计数的、声势浩大的群星，像一张冰冷的渔网笼罩着松树林，美丽而令人畏惧。

※

美丽无非是恐惧的开端[1]，诗人赖内·马利亚·里尔克如此哀叹。今夜，我再次从黑暗中醒来，迷失在关于粗糙黑松林和无名群星的儿时梦境里。这是独处的时刻，绝望的时刻，像孤狼一样的时刻。我真切地感受到幽灵就栖身在阴影中，肉体的幽灵，心灵的幽灵。一时兴起，我起身穿过漆黑的房间，走入门前的庭院。在那儿，我逮到了冬季的猎户座，正偷偷溜过秋夜的天空。

巨人猎户座，他是大言不惭者、猎杀野兽者、呼风唤雨者。星光点缀在巨人隆起的肌肉处，北方夜空中再也没有哪块地方存在比它更明亮的可被观测到的星星。钻石般的参宿七是猎人的前脚，红宝石一样的参宿四是支撑着猎人抬起的手臂的肩膀。还有闪耀的参宿五和参宿六，它们是另一侧肩膀和另一只脚。参宿一、参宿二和参宿三是猎人腰带上的白珍珠。这几颗星中离我们最近的是参宿五，但470光年的路程比从地球到离我们最近的星球还要远上100倍。参宿六有2000光年远。它们都

1 节选自里尔克的诗作《杜伊诺哀歌》。赖内·马利亚·里尔克（Rainer Maria Rilke，1875—1926），奥地利诗人，与叶芝、艾略特一同被誉为欧洲现代最伟大的三位诗人。代表作有《生活与诗歌》《祈祷书》等。

是银河系中的巨星，比我们的太阳明亮万倍，是夜空中最大、最耀眼的存在。这些巨星在夜晚用火舌回应着地上的黑松林。

父亲教会我认识并叫出猎户座群星的名字。他和我一起站在松树下，用手指着缠绕在大树枝头的巨人猎户的身影。他拿出一本书，书中有星图、恒星的信息和关于星座的故事。其中猎户座的故事是我最喜欢的。

历经千辛万苦，猎户奥利翁抵达了希俄斯岛，他在那里爱上了国王奥诺比安的女儿梅洛普。国王同意奥利翁娶自己的女儿为妻，但是坚持要他完成一系列困难的任务以证明他的决心。奥利翁每完成一项任务，国王就提出另一项新的，每次都要比之前的更困难。最终，奥利翁怀疑国王根本就没打算放走他的女儿，这考验永远也不会结束。他决定不再接受任务，还要强行带走梅洛普。但猎户的计划被国王发现了。奥诺比安把奥利翁抓起来，刺瞎了他的双眼，将他放逐到海边，让他只能在黑暗中徘徊。

猎户座的故事，是关于光明与黑暗的长篇史诗的一部分，它就像一条无源之溪，流过建立了多种文明的不同民族的记忆。史诗中的英雄总是一位战士，勇猛而英俊，身披祥云，衣着绚烂。他爱上了明媚的少女，最终却总要将她抛弃或杀害。他是旅行者。他是战胜了在丰饶土地上为非作歹的野兽和魔鬼的勇士。他是“千面英雄”，走入黑暗，再骄傲凯旋。

神话中猎户座的原型是太阳。这样的神话让蒙昧中的原始人类对太阳的季节性和周期运动的体验变得饱满——冬季和夏季，夜晚和白天，死亡和蜕变。在最早讲述故事的人的梦境里，失明了的奥利翁就是冬天或夜晚的太阳。巨人历经风雨，现在却步入黑暗。他一路蹒跚向西前行，盲目而孤独，被众神遗弃。老天无眼！众神扑灭了光明。他们扑灭了光明，却又像无事发生一样各回各家。奥利翁成了阴暗峡谷中独行的诗人，他是心灵的黑夜里的圣十字若望，他是步入歧途后迷失在阴暗森林中的但丁。

每个孩子都知道，夜晚是恐惧的开始。有谁不害怕黑暗呢？众神是光明的创造者，他们朝九晚五地工作，所以到了夜晚，我们就只能靠自己了。

※

20分钟里，我站在门前庭院中，看着猎户座的群星向西方移动了三根手指的宽度。云层增厚，疾驰向东。在掠过的云隙之间，我看到了那个巨人。就在那儿！腰带上不容错认的三颗星！踌躇地闪烁着，像西洋镜上的图画。在我父亲那本书的星图上，猎户座的形象呈现出全副武装的姿态，他手持木棒和狮子皮做的盾牌，利剑悬于腰间。但是，这充满想象力的图像与我在这个断续梦境中的夜晚所见到的星空不太一样。今夜，我见到的是已经失明的巨人，是让人怜悯的、英俊的巨人，是海神波塞冬的儿子。他迟疑地伸出手臂，踉跄着向西穿过一片黑浓如酒的大海。

在其他晴朗的时间里，星座中最明亮的那颗星被称为Lucida。而猎户星座中的一等星——位于巨人肩膀的参宿四，即为猎户座最亮之星。血红色的参宿四，就像是猎人被刺瞎的眼睛。这是一颗红超巨星，已经是恒星膨胀的强弩之末，它的直径约有6.5亿千米。如果参宿四处于我们太阳的位置，那么地球及其轨道都会位于参宿四体内，就连火星也逃不掉。参宿四是已膨胀到足以吞噬周围行星的老年恒星。

巨大的参宿四，是少数几颗天文学家可以成功拍摄到细节照片的恒星之一。在这些特殊的照片上，参宿四貌似明亮的圆盘，而不再只是一个小光点。圆盘周围缠绕着气态的冕层，它们是被星风吹离恒星表面的气体。我见过一幅用计算机处理过的参宿四的伪彩色照片，照片以不同的颜色表现出恒星表面的温度高低。这种方法可以展现恒星内部的对流结构。恒星核心的火炉将恒星外层巨大的能量激发，它们翻涌着掀起巨浪。照片中橘色的“海洋”标志着那是热量由恒星内部穿透到表面导致温度上升的区域，蓝色的“大陆”代表着那是能量沉降以至温度较低的地方。谁能想到这些呢？谁能想到那些夜空中冰凉如水的小光点，其实是另外的太阳，是燃烧着热核反应的创造之火的太阳？谁能想到猎户座肩头的红色恒星竟然能放射出比地球上正午艳阳更耀眼的光芒？

这些来自天文学家的信息，这些计算机处理过的明信片，最近才告诉我们，参宿四是遥远的巨大恒星，是氢和氦组成的直径6.5亿千米的火球，是剧烈膨胀的星体，肆无忌惮地吞噬着行星，点燃了银河系昏暗的角落。

它的表面翻腾动荡，像风暴中汹涌的海水，火舌在幽暗的宇宙空间蔓延亿万千米。站在地球上看，这个庞然大物却只凝缩成天空中猎户座肩头的一个小亮点。夜空里的恒星善于隐藏各自真正的秉性，因为它们总是自如地玩弄着一个名为“距离”的诡计。如果在我们同参宿四之间的距离——500光年远——存在一颗像我们的太阳这样通常大小的恒星，那么它是无法被肉眼观测到的。参宿四周围的行星上要是也能有一座帕洛马山天文台的话，上面的天文学家如果足够幸运，就有可能在照相底片上从银河系的数十亿颗恒星中识别出我们细若微尘的太阳，可这样的工作无异于大海捞针，因为它是那样平凡无奇。参宿四能在我们自己的夜空中现身也完全是因为它令人难以置信的尺寸。

※

沉重的云层后面，猎户座渐渐西行。海神之子行走于水上。在阻隔视觉的黑暗中，他会不会先用一只脚小心翼翼地试探着迈进水中，以免跌入世界边缘的深渊？当巨人的脚掌羞怯地踏在鱼儿们头顶星光闪耀的海面上，它们会继续安然地潜游还是会四散逃走？“在黑暗的时光里，视线开始清晰。”这是诗人西奥多·罗特克[1]的名句。先知以赛亚也说过类似的话：“走进黑暗的人看见光。”中世纪的神秘主义者拥抱黑暗。信徒们相信，只有穿过黑夜，才能收获天主赐福的光明。

而我不奢求于赐福便会感到满足。就像一尾在幽暗海水中游动的鱼，隐蔽于行走在水面之上的巨人身影下已使我心满意足。科学之光，比神秘主义的光明更加严谨。本书是一本关于科学的读物，是从暗弱的星光中用理性和想象力提炼出来的纵观宇宙的视野，是凝成露珠般的夜晚浓缩而成的新宇宙学。

科学之光可能比神秘主义的光明要严谨得多，但对英雄气概的追寻却一点儿也不少。新天文学的壮丽视野足以把众神从天上的宝座上踢开。就猎户座本身而言，在它之中就藏纳着足以匹敌奥林匹斯山的科学事实和未解之谜。恒星诞生于充满尘埃的星云之中，热核反应将它们燃起，爆发的强烈光芒足以致使附近的行星目盲。

1　西奥多·罗特克（Theodore Roethke，1908—1963），美国著名诗人，曾就读于密歇根大学和哈佛大学，毕业后担任过英语教职。他的诗歌优美抒情，具有浓郁的生活气息和深刻的哲理，对植物和花卉的挚爱反映在他的诗歌创作之中。1954 年，他的诗集《苏醒》获普利策诗歌奖。

再比如，位于猎户座足部的参宿七，它燃着热切的蓝色光芒，仅仅百万年间就已消耗掉比一百个太阳还要多的物质。像参宿四这颗红超巨星一样浮肿的恒星，正努力延缓最终的引力坍缩。有些恒星起伏不定，深深地叹息；有些恒星不堪重负已经爆炸；有些恒星死去时会收缩到行星那么小，甚至收缩到只有一座城市的规模，然后——留下一块城市大小的永夜之地——它会继续缩小，把自身收缩成一个针尖，然后再缩，直到把相当于十几个太阳的质量压缩到超越物理尺寸为止。

猎户座腰带附近萦着一缕黑烟，那是马头星云。那里的空间足够容纳2000个太阳系。谁会愿意走进那样的黑暗森林呢？马头矗立在明亮的气体背景之前，周围全是氢元素辐射的玫瑰色的华丽波涛。谁能在那样的广袤无垠中认出自己的样子？无论是马头星云还是那明亮的气体背景，对于肉眼来说都是不可见的。据说，只有在特别黑暗、特别晴朗的条件下，利用搭配宽视场目镜的中等尺寸望远镜，才有可能观测到马头星云。我尝试过，但从来没能成功。我对这部分天空的了解，仅仅得益于众多大天文台拍摄的丰富多彩的照片。这个区域的丰富程度无与伦比：耀眼的恒星、黑暗的星云，以及被猎户座腰带上最东边那颗巨大的恒星参宿一的辐射激发的闪烁气体。如果夜空中有什么东西可以媲美神秘主义的幻想，那一定就是这里。

从星光中攫取宇宙的秘密已经不再只是千面英雄的工作，它现在属于拥有同一副面孔的一千位英雄——这就是我们的科学界。但探索就像是护送猎户座跟跄着穿过黑浓如酒的大海。“夜晚是我们无尽的窗口。”我们踉跄着穿过黑暗，向着光明前行。

奥利翁听到铁匠手中锤子的敲打声。他跟随着乐声穿过海洋，最后来到利姆诺斯岛——铁匠的熔炉。铁匠是赫菲斯托斯乔装打扮的，他是锻造之神、手艺精湛的匠人，是他为众神锻造了金色的太阳和银色的月亮。锻造之神同情盲眼奥利翁的遭遇，派遣自己的仆人刻达利翁作为他的向导，一起向东方行进。刻达利翁坐在盲眼巨人的肩膀上，带领他去寻找阿波罗和太阳将升的地方。奥利翁面朝东方而立，太阳升起。他感觉阳光温暖了自己的双眼。之后，他慢慢恢复了视觉。起初眼前迷蒙一片，之后雾气渐渐消散，他的世界终于再次清晰起来。

※

古希腊人相信，眼睛在视觉方面扮演着双重的角色。他们认为，从双眼中可以放射出一道苍白的光线，与世间万物接触后再返回瞳孔，所见事物就像是旅行者归来所携带的礼物。对他们来说,眼睛既是发射器又是接收器。现代科学已经推翻了古希腊人的视觉理论。现在我们已经知道，眼睛的作用只是被动地接收，它仅仅是容纳从四面八方而来的光线的收集器。视觉，用新的说法，意味着投向光明，仅此而已。

但是，除此之外，一定还有些东西，不仅仅是投向光明那么简单。是哪些因素影响着光？或者说，为什么我们在黑暗的时光里却能看得最清楚？几天前的一个下午，日光已渐渐消退，我在一片浸水草甸上意外地发现了一团紫茎泽兰。这种植物开着紫色的小花，像燃着紫色的烈焰。它的茎间挂着银色的蛛网，一只金蛛转动它布着黄色条纹的肚子，朝向正在西沉的太阳。它的颜色穿过草地，就像一枚发亮的螺栓。

“在黑暗的时光里，视线开始清晰。”这是一个悖论：黑就是白，黑暗是美丽之母，光的消亡就是展露。难道古希腊人终究是正确的吗？也许，只有在黑暗的时光里，智慧的光芒才能从眼睛里迸发出来，才能指引通向世界的正确方向而不被灼热的阳光所掩盖。也许，只有在黑暗的时光里，眼睛和思维才能彼此转化，才能精巧地合作，激发出视觉的艺术。没有多少人愿意走夜路，没有多少人愿意走进黑暗的森林去感受恐惧所带来的肠胃里的焦灼，也没有多少人愿意生活在漆黑的山洞度过一个又一个不眠之夜。但，令人意外地，古希腊人的真理浮现出来，思维之光带回了非凡的礼物。“一个人走向远方，寻找自我的意义。”西奥多 · 罗特克说。浸水草甸上的时间已过去一个小时。金蛛在纤细的蛛丝上转动着腹部的黄色条纹，像钟表的时针一样旋转着追踪太阳的方向。“渐昏渐暗的林荫里，我遇见自己的身影。”罗特克继续说，“日子在火中煎熬。万千契合宛若狂风暴雨，猛烈不知疲劳。群鸟飞舞，残月当空，天仍大亮，午夜却再次难逃。”[1]

1 节选自罗特克的诗歌《在黑暗的时光里》（*In a Dark Time*）。

3

微光

1982年3月10日，我在等待世界末日的到来。根据大众媒体所谓的确切报道，太阳系所有的行星在轨道上的位置会在那天与这颗恒星处于同一侧，就像穿在竹签子上的肉串一样排列成一条直线。有人预言，这种罕见现象的发生将会招致严重的后果：所有行星的引力联合起来拖曳牵引，作用在一条直线上，会引发太阳风暴，对地球造成巨大危害。而重创之下的地球，火山爆发，大陆板块巨震，地质断层像拉链一样被撕开，加利福尼亚沉入大海。

好吧，当然，这一切都没有发生。加利福尼亚还安稳地待在圣安德利亚斯断层上，太阳依旧孜孜不倦地散发着光芒，地球也还安逸地在原本的自转轴上旋转。

行星根本不会排成一条直线，至少不会像报纸上说的那样排列，不会像一根穿满珠子的看不见的线。在行星排成最接近直线的状态时，如果从太阳的视角看过去，会发现它们分布在一个95度张角的扇形区域中。这意味着，这些行星分布的范围已经超过了天空的四分之一。在预言中的灾难到来之前的好几个星期里，这些行星的排列角度已经与人们所担忧的情形非常接近，但没有引发任何值得在意的事件。不仅如此，历史上还有过比这一次排列得更加整齐的时候，也没有招致什么严重后果。更何况，天文学家可以精确计算出这种特殊的排列状态所增加的引力，它的作用对地球所产生的影响，还比不上有人从二层楼的窗户跳出去落到街上造成的冲击力大。

不过，行星齐聚在四分之一天空中的确是足够罕见的情况。像1982年那样排列的紧凑程度，每179年才有机会重现一次。如果你能赶在3月10日那个星期的某天太阳升起之前起床，那就有机会同时看到能以肉眼观测到的全部五颗行星。

预言中的灾难日，早上5点，我正在大学的天文台观测。天空仍漆黑如墨，群星闪烁。我把望远镜从西移向东，开始太阳系大巡游：火星、土星、木星、金星和水星。就连月亮也以优雅的月牙姿态装点了我的清晨，与群星一起参与了这场游行。土星，戴着俏皮的光环帽子，看起来就是卡通动画中常见的星球的原型，那么梦幻，却无可否认的真实。木星慷慨地展示出全部四颗大卫星供我观赏。金星也化成小月牙般的形状，似乎在调皮地模仿着月亮。小小的水星，和平时一样，身影总是让人难以捕捉。当时的它，静立在东方渐露霞光的微粉天空映衬下的树顶上。我爬上天文台圆顶，从天窗向外观赏日出。

行星们以不同寻常的光辉对抗着逐渐明亮的天空。蓝色的角宿一和红色的心宿二也闪耀着光芒加入群星的壮丽行列。仅这一个清晨，就足以让人觉得179年的等待是值得的。

※

1982年3月10日那天，世界没有走到尽头，天空却给我们带来一场足以铭记终生的微光盛宴。那天早上，没有地震打扰我的美梦，或是把我从天文台圆顶的天窗上晃下来；没有太阳喷吐出长蛇般的烈焰。只有夜空，轻声呢喃着甜言蜜语。在我生活的地方，隐藏在大城市的灯光和烟霾之下，夜空的低语几乎无法使人得以耳闻。我得把握住所有可能的机会。

在最暗的、最晴朗的夜晚，仅凭肉眼可以观测到几千颗星星。除了恒星之外，对于远离城市灯光的细心观测者来说，裸眼还可以看到其他奇景：星团、至少一个星系、星云、银河、黄道光。可是，典型的城市或郊区的观测者也许只看得见几百颗最亮的星星，此外再也见不到其他任何令人难忘的天体。我们辜负了黑夜，我们丢失了微光。

我目睹过黄道光——莪默·伽亚谟[1]所说的“伪曙光”。在8月或9月，晴朗无月的夜晚，黎明前一到两个小时，可以看到从地平线开始沿着黄道带延伸的黄道光。黄道光比银河还要暗弱，我曾试图探寻它好多次，但都没有成功。太阳系内部区域的行星之间遍布着尘埃，黄道光就来源于太阳光在星际尘埃中的反射。这些尘埃通常在太阳附近形成一个扁平的盘，而这正是我们只有在日出前或日落后，以及在一年中那些太阳系的平面相对于地平线剧烈倾斜的时刻才能看到黄道光的原因。我上一次看到的黄道光，是越过海边黑暗的山坡照射而来的。来自大西洋的风吹散云层，地平线上漫步的星笼罩在黄道光的华盖之下。我再也不曾见到这样的景象。

弗拉基米尔·纳博科夫在《文学讲稿》中这样建议他的学生：“让我们崇拜自己的脊椎和脊椎的兴奋吧。可以相当肯定地说，那背脊的微微震颤是人类发展纯艺术、纯科学的过程中，所达到的最高情感宣泄形式。”在夜空

1　莪默·伽亚谟（Omar Khayyam，1048—1131），波斯诗人、数学家、天文学家、医学家和哲学家，代表作《鲁拜集》。《鲁拜集》内容多感慨人生如寄、盛衰无常，以绝美的纯诗将人生淡淡的悲哀表达得淋漓尽致。诗作融科学家的观点与诗人的灵感于一体，成为文学艺术上的辉煌杰作。

中找寻微光，既是一项艺术，也是一门科学。搜索的结果往往一无所获，但我把这样的兴奋视作极其珍贵的财富。“我们本来就是头部燃着圣火的脊椎动物。”纳博科夫说，“人脑只是脊柱的延续，是增强了的组织顶端，燃烧着纯净的蓝色火焰，但是贯穿整根蜡烛的是烛芯。”在看到黄道光的那个早上，我感受到整根烛芯燃烧的热量在我身上蔓延。

还有一种特殊的微光盛宴，试着数一数金牛座中的小恒星团——昴星团中的成员吧。自古以来，这些恒星就被称为“七姐妹”“七少女”或者“明亮七星”。早在公元前3世纪，已经有一首诗歌为它们取好了名字：阿尔库俄涅（Alcyone）、梅洛普（Merope）、塞拉伊诺（Celaeno）、塔宇革忒（Taygeta）、斯忒洛珀（Sterope）、厄勒克特拉（Electra）和迈亚（Maia），它们“微小而暗淡”。大部分现代观测者只能用肉眼看见昴星团中的6颗恒星，或者，如果夜晚格外晴朗，那就能看到9颗或10颗。在望远镜发明之前，开普勒的导师梅斯特林，画出了这个星团的11颗恒星。天文学文献中也不难见到以裸眼观测到这个星团中12颗恒星的记录。我见过的最多的数字是声称自己看到了16颗。这个星团实际上可能包含多达500颗恒星，它们当中也许有20颗恒星的星等位于肉眼可见的范围内，但是过于密集的排布让观测到16颗的纪录显得很可疑。在最黑暗、最晴朗的夜晚，我的最佳成绩是看到9颗。那个时候我还年轻，视力比现在强多了。

或者，试试寻找年轻的月亮。严格来说，月亮在经过太阳和地球之间的那一刻，可以被称为新生。这一瞬间可能降临在白天或黑夜的任意一个时间节点。我们所称的“新月”，实际上是年轻的月亮，我们只能在月亮真正新生之后的某一刻才能察觉到天空中纤细的小月牙。最年轻的月亮，可以在日落之后被发现，那是低垂在西方的月牙，紧靠在太阳刚刚落下的地方，被地平线上炫目的落日余晖所净化。有许多因素——地理纬度、日落时间、月球轨道平面与地球轨道平面的夹角角度——共同决定了看到新月的可能性。天气的晴朗状况，地平线的清晰度，视力的敏锐程度，也都起到了重要的影响作用。我曾见到新生不超过30个小时的月亮，它薄如指甲，纤如睫毛，弯曲弧度像是丘比特的弓，弓弦上的箭直指太阳。但是30个小时算不上破纪录，甚至连接近纪录都谈不上。总是有人发表报告说见到了新生24小时的月亮。莉齐·金和内尔·柯林森是英格兰斯卡伯勒的两位女佣，有记录表明她们在1916年5月2日看到了新生14.5个小时的月亮。传说文艺复兴时期的天文学家约翰内斯·开普勒在某天早上看到了残月，又在同天晚上捕获到了新月，但这个故事很难让人相信。我会继续探寻。我会查看我的年历以及盖伊·奥特威尔每年编写的天文年鉴。我会等待那个特别的夜晚，等待所有必需的因素都恰到好处，地平线清晰分明，月亮从我肩头越过，比我以往见过的都要更加单薄瘦弱。我想那就是我心中最完美的优雅月影。

还有其他难得一见的天象奇观可以被肉眼捕捉到，它们化成微光在夜空中闪烁，隐藏着自己真正壮丽的一面。仙女星系就是一个很难，但确实可以凭裸眼观测的星体系统。在很多个黑暗的乡村夜晚，我都从夜空中分辨出过它。在发明望远镜之前，仙女星系只是星图上不甚清晰的小斑点。没有人想得到，这些模糊的光斑是包含万亿恒星的宇宙岛屿，是另一个银河系，是除了我们自己的星系以外唯一不借助光学辅助就可以目测到的星系。仙女星系距离我们200万光年远。如果没有望远镜的帮助，再也不会有比这更远的光能进入你的眼睛。

我曾有幸得以一瞥M13的真容，那是武仙座中包含百万恒星的球状星团，也或许，我只是想象自己真的见到了它的样子。未来某天，我将旅行到南方，去观测半人马座和杜鹃座中更明亮的球状星团。据说在最黑暗的夜晚，有可能看得到天鹅座中的北美星云。拥挤的恒星让这团星云弥漫出暗淡的粉色光芒，拢在天鹅的翅膀下方。我常常试着寻找它，但从没能达成所愿。我不会就此放弃，我会继续尝试。

我看到过鬼星团，或称它为巨蟹座的蜂巢星团。对肉眼而言，它只是一团朦胧一片的乳白色的光。喜帕恰斯称它为“小云”。当伽利略将他的望远镜转向这朵“云”时，他惊喜于竟能从中分辨出微小的金刚石般的恒星。他数出了36颗。这个星团里实际上有着几百颗恒星，闪烁着超越视觉极限的光芒。

※

我第一次观测到鬼星团是在卡茨基尔山的小山坡上。不知怎的，那一天我走到了约翰·巴勒斯的墓地。他是世纪之交的博物学家。当时有两位著名的博物学家名叫约翰，一位是约翰·缪尔（John Muir），即“约翰·大山”（John of the Mountains），就是在阿尔卑斯山峰和阿拉斯加冰盖上安家的那位；另一位就是约翰·巴勒斯，即“约翰·大鸟”(John of the Birds)，他喜欢坐在自家门前的走廊上，看地球自转带来斗转星移。巴勒斯是大自然的细微光芒和轻声低语的鉴赏家。“优秀的自然观察者体现在细节处，”他说，“处处有痕迹，处处有意义。”或者，“能成功观察自然的秘诀，在于拥有发现暗示的能力。”巴勒斯是发现了暗示的人，他相信他脊椎的兴奋。

巴勒斯安眠在一片散布着岩石的草地的最高处，从那里看下去，宽阔山谷的壮丽景色尽收眼底。墓地周围环绕着本地页岩垒成的矮墙。附近有一泓山泉，泉眼之上有一块平坦的巨石，巴勒斯每日就是坐在那里从光阴中观察并获取自然的暗示与启示。一块固定在巨石上的牌匾镌刻着这位博物学家的墓志铭：我站在永恒的道路之中，属于我的将认得我的脸。

在春天的清晨登上那座小山丘，四下寂静安宁，只有风声摇曳着桦树噼啪作响。一只丘鹬被我从巨石下面惊起，尖叫着拍打翅膀，长长的鸟喙从地面掠过。我确信这里就是那样的地方，是那种能从一百万种不起眼的特征和细碎的真理之光中培育出一个哲学家的地方。植被覆盖的山坳里，宁静的草甸一直延伸到清澈的小河边。那里还处于冬日的冰封状态，易碎般脆弱，积雪的河岸绵延到干石墙北侧。约翰 · 巴勒斯墓地周围的土地上张贴着布告，宣告着这里属于“纽约大峡谷的C. 巴勒斯”。依托着C. 巴勒斯的善意，以及对“属于我的”一切的探求，我无视了那布告，徒步踏进那片原野。艳阳高照，鹰击长空，它在等待狙击那些度过了漫长冬眠，禁不住暖阳诱惑冒头而出的小动物。浑身是毛的毛毛虫自信地穿过草甸，打算搜寻一处合适的地方，好把细胞重新排列，让自己蜕变成春天的第一只飞蛾。我用两双眼睛看着眼前的一切——我自己的双眼和约翰 · 巴勒斯的双眼。我记得巴勒斯的信条：“了解只是一半，而爱是另一半。”

那天深夜，在山坡上，我扫视微光闪烁的群星，发现了巨蟹座的鬼星团。我想起巴勒斯，这位洞察自然界微妙姿态的大师。对于白日，巴勒斯是坦诚的生物，但对于夜晚，他却只懂得赞美。“夜晚的恩赐并非有形的，”他这么说，“夜晚不会伴随着水果、鲜花、面包和肉类而来；夜晚的降临伴随着群星和星尘，伴随着神秘和涅槃。”从此之后，夜晚的微光对巴勒斯袒露出自己的秘密，天堂的大门为他开启。他的思想，“像一道闪电”，击中无底深渊，随后天空的面纱再次剥落下来。幸好，对深夜赐予的这种模棱两可又转瞬即逝的启示，他说：“如果世界永远以一种赤裸裸的宏伟姿态出现，也许会超出我们的承受能力。”

在卡茨基尔的墓地的那一天，我注意到从记号石下方生长出来的新的藤蔓植物。幼嫩的卷须盘绕着穿过干石墙上的孔洞，绿色的嫩芽沿着古老的无尽道路奋力迎向太阳。春天的风裹挟着细碎的暗示，夏日的踪迹就藏在空气里。在这样的日子里，就连卡茨基尔页岩的重量，也不足以将老人的精神压在地下。

4

夜行动物

谁会在夜晚出门闲逛？是萤火虫，拖曳着萤光的长尾；是北美夜鹰与杜鹃，在黑夜中孤芳自赏；是牛蛙与蟋蟀，一唱一和地唱着走音的歌。猫头鹰和飞蛾也在夜晚外出，它们两个中的一个只不过是另一个的放大版。刺猬也走出来，群星好似披挂在它们的尖刺上。丘鹬，举止轻佻地转着圈。还有鼻涕虫和蜗牛在它们行进的路线上留下一串亮闪闪的黏液。漆黑如墨的夜晚，鬼怪也四处横行。魑魅魍魉不安好心。狼人褪去伪装化为原形。吸血鬼隐匿身形，悄无声息地填饱肚子。圣艾尔摩之火击中航船的桅杆，女妖伸长手臂向你召唤。诗人同样喜欢在夜晚外出漫步，他们说："这是理智、寒冷与行星的光。心灵的树木却是黑色的。"[1]当然不能落下天文学家。太阳落下的时候，天文学家就像阴影或一只獾那样钻回自己的地盘。

今晚，我漫步在西爱尔兰一座高山的黢黑小路上。北斗七星在东北方的天空中光芒四溢。这七颗明亮的星，像七位哲人、七位智者、七头熊或是七头公牛。它们是

---

1 节选自西尔维娅·普拉斯（Sylvia Plath，1932—1963）的诗歌《月与紫杉》（*The Moon and the Yew Tree*）。西尔维娅·普拉斯是继艾米莉·狄金森和伊丽莎白·毕肖普之后最重要的美国女诗人。其诗集《普拉斯诗全集》获 1982 年普利策奖。

向昴星团七姐妹求爱的七兄弟，却偷偷带走了其中一个姑娘（看！在开阳星身边的就是那个失踪的妹妹）。我曾一度惊讶于不了解星座的人也总能轻松地辨别出大勺子似的北斗七星。我一直好奇，这些星星的模式是否会以遗传学的方式在人类的大脑中留下深刻的印记，就像鸟类天生有能力识别并跟随星座的轨迹来为自己的迁徙引航。北方的天空再也没有别的星座图案像北斗七星这样留存着悠久丰富的历史文化。北斗星存纳着人类的忧思和梦境。

北斗星在英语中的正式名称叫作Ursa Major，以中文来讲即为大熊座。不光是西方传统把这个星座看作一头熊，北美的印第安人对此也有同样的理解。仅靠北斗的七颗星要认出一头熊的形象是很难的。一些制图家试图借助周围相对暗淡的九到十颗星来勾勒出令人满意的熊的形象。对我来说，这几乎是不可能做到的。北斗星中的七颗明星比这个星座中的其他恒星都耀眼得多。北斗星中的恒星，就如同全宇宙中其他的恒星一样，缓慢地改变着它们在天球上的位置，天文学家将其称为自行。对历史上的很多人来说，构成勺子图案的这七颗星也许曾有某刻看起来比今天的样子更像是一头熊。但是，利用现在自行的轨迹来推算它们曾经的位置并不难（我自己就计算过很多不同时期的北斗七星的位置），可在人类历史跨度内的任何时期——至少在我看来——北斗七星都不会让人觉得像一头大熊。话说回来，还有一个滑稽的小情况可供考虑：也许在这个星座得到大熊座之名的那个历史时期，所有的熊看起来都长得更像是勺子。

中国古人把北斗七星看作不朽的天上仙宫；对爱尔兰人来说，它们又组成了大卫王的华丽战车；在斯堪的纳维亚，北欧人说那是诸神的雄伟马车；日耳曼部落又把它看作雷神索尔的战车；中世纪的基督徒把北斗七星看作先知以利亚升天的天堂战车；而在英格兰传统中，北斗星被认为是查尔斯的马车或是一柄巨大的犁。

谁会屈从北斗的光辉？谁会放弃甜美的梦乡而去追寻巨熊那永恒的巢穴？梭罗的一位同伴曾宣称，人在没有星星的情况下也可以生存得很好，但那种生活却是大打折扣的。他说星星是一种永不会被舍弃的必需品。群星是每日的食物，是圣餐，是护身符和誓约。如果没有星星，诗人会做什么呢？如果群星“如石头般重重坠入纤纤的树丛”，他们会做什么呢？

在夏季的午夜，经历极昼的因纽特人要等上好几个星期才能看得见大熊座。可其实那头大熊就匿身于极昼的日光里，绕着天顶悠闲地转着圈。

※

每位诗人，每只狐狸或獾，每只蛾子或猫头鹰，所有凝望过夜空的生物都进行过天文学历史上最重要的观测之一。他们得出结论：夜空是黑暗的！群星在黑色的天空中闪烁。北斗七星就像一柄巨大的犁，在北极的漆黑上空刨出沟壑。夜空的黑暗远比群星能向我们讲述更多关于遥远宇宙深处的故事。黑夜是一个悖论，充满着深刻的意义，让我来解释给你看。

1610年，约翰内斯·开普勒收到伽利略的新书《星际信使》的副本。这本书概述了伽利略这位意大利科学家用望远镜观测到的天空的景象。开普勒反对伽利略关于宇宙无限以及宇宙包含无穷多恒星的观点。他在给伽利略的信中这样写道："如果真是这样的话，整片天空都会像太阳一样燃着炫目的光芒，而在无限的宇宙里，无论朝哪个方向看，我们的视线都必然会抵达一颗星，就像身处密林之中的人，周围每个方向都围挡着树，那他的视线一定会停留在一棵树干上。很显然，夜空不像白天那么亮，所以（开普勒推断）宇宙不可能是无限的。”

百年之后，英国天文学家爱德蒙·哈雷提出，如果星光的传播因距离过于遥远而减弱，不能被我们探测到，开普勒的观点就站不住脚了。但是哈雷的反驳理由并不充分。正如他所认为的那样，任何来源的光的强度，都与其光源到观测者的距离的平方成反比，但是在无限宇宙中的空间体积在每个方向上也随着距离的延伸而增加，并与距离的平方成正比。如果恒星在宇宙空间中均匀地分布，那么发光恒星的数量也必将随着距离的平方成正比增加。这恰好生成两个可以完全抵消的效果：随着与光源之间的距离加大，光的强度逐渐削弱，但是发光体的数量却逐渐增加。所以开普勒显然是对的，在无限的宇宙里，夜空就应该如同白天一样明亮，北斗七星的光芒应该被淹没在宇宙群星的绚丽华彩中。开普勒的观点在1826年被海因里希·奥伯斯[1]重新提出，后来这成为著名的奥伯斯佯谬：如果宇宙无限，并且均匀地布满发光的恒星，就不应该存在夜晚。之后，有不少人试图解释这个问题。一些科学家抗辩说，星际空间中存在着气体

1　海因里希·奥伯斯（Heinrich Olbers，1758—1840），德国天文学家、医生及物理学家。

和尘埃，它们吸收掉星光，因此减弱了遥远恒星的光芒。但是我们可以证明，如果星际气体和尘埃吸收了星光，它们最终会变得过热而辐射出同等的能量，照样可以维持天空的亮度。何况恒星的分布并不是均匀的，而是结合成星系这样的团块。但是这个发现也没能解决奥伯斯佯谬。如果把宇宙中的星系看作星系中的恒星，这个佯谬同样存在。

但如果宇宙不是无限大呢？这样这个佯谬就迎刃而解了。或者宇宙太年轻，遥远的星光还没有足够的时间抵达我们身边，如此佯谬也能得以解决。夜空是黑暗的，这是毋庸置疑的事实，而这一点似乎能让我们得出结论：宇宙不是无限大的，或者根本没有我们想象得那么老。无论是哪一个结论，都深刻地影响了前几个世纪的天文学家们。一个有限的宇宙简直让人难以想象，宇宙的边缘之外是什么？一个有起始的宇宙似乎违背了物理定律——是什么将宇宙从无到有创造出来——也许那真要求助于神的特别干预。19世纪的科学，因趋向理性的思想转变，无法承认宇宙具有边缘或是起点。天文学家深深陷入名为夜空的黑暗困境里。

※

"看，看那群星！看那头顶的天空！"杰拉尔德·曼利·霍普金斯吟诵道，"哦！看看坐在火光里的天上的人们！看那明亮的街区，看那颤动的城堡！夜空的钻石掉落在幽暗的树林，那是精灵的眼！"[1]天上有超过人类心脏可承受限度的奇观。我漫步在高山间一条黑暗的小路上，北斗七星闪耀着，像电焊机发出的光芒。它们围绕着北极星旋转，好似一团轮转烟火，时而沉向地平线，时而跃回无垠苍穹。首先来认识一下黄色的恒星天枢（Dubhe），它的名字由阿拉伯语 Thahr al Dubb al Akbar 而来，意为"大熊之背"。然后是天璇星（Merak），即"熊的腰部"。天枢和天璇这两颗星的连线组成天上巨大的表针，它们始终围绕着北极星转动，就像拴着安全绳的婴儿。接下来是北斗的第三颗恒星天玑（Phad），也就是"熊的大腿"，以及第四颗恒星天权（Megrez）——"尾巴根部"。没那么闪耀的天权星，是勺把和勺斗相连的地方，从这里再往外看则属于勺柄的部分：首先是玉衡（Alioth）；然后是开阳

1　节选自杰拉尔德·曼利·霍普金斯的诗歌《星夜》（*The Starlight Night*）。

(Mizar)，它身边总是带着一颗暗弱的名叫“辅”的伴星（这就是昴星团中那个被掠走的小妹！）；最后是摇光（Alkaid）。宙斯“将它们掷向天空，它们乘着旋风旋上高空，固定在那里”。最高天神宙斯贪恋凡人卡利斯托。美丽的卡利斯托原本是在山间漫步的女猎人，以在阿卡迪亚山中追寻凶猛野兽为乐趣。宙斯的妻子赫拉因嫉妒她丈夫对卡利斯托的痴迷，憎恨他的不忠，就把不幸的卡利斯托变成了一头熊。作为一头熊，卡利斯托只能蜷缩在森林中，惧怕人类也惧怕野兽。有一天，卡利斯托的儿子阿卡斯在森林中偶然遇见她。高兴坏了的卡利斯托忘乎所以，用两条后腿站立起来想要拥抱她的儿子！面对突然袭来的大熊，阿卡斯吓了一跳，立刻搭弓上箭。千钧一发之际，宙斯从奥林匹斯山上遥望到了下面发生的一切。看到悲剧即将上演，他果断施展魔法，将阿卡斯变成了一头小熊。而后，宙斯把母子二人一起升到高空，让他们永远以两头熊的形象留驻在那里，成为如今的大熊星座和小熊星座。

我曾一度搜寻大熊座附近空间中的星系。用一架中等尺寸的望远镜，我能发现那个星座中距我们最近也是最明亮的两个星系。1774年，德国柏林的天文学家波德首先发现了M81和M82星系，它们是夜空中两个不易辨别的团块。1781年，“彗星捕手”梅西耶把它们加入自己的星表，分别编上了序号，再在前面加上自己名字的首字母M。如今我们称呼它们的名字，即为当时梅西耶赋予它们的编号。相较于M82，M81是更灿烂的天体。在天文台的照相底片上，可以把它分辨为由2000亿个太阳组成的耀眼风车，但是在业余爱好者的小望远镜里它就只能表现为雾状的模糊斑点。假如M81处在北斗七星的距离上，那么它可怕的光芒会充斥我们的天空。它将转动着、闪耀着，那光芒像无数个太阳堆积，灌满瞳孔，无可逃避。它的姐妹星系M82呈现出细长的纺锤形，神秘莫测，难以捉摸，看起来似乎因经历了暴虐的痉挛而样子古怪。它的恒星排列毫无规律可循，质量肆意变动。M82的核心遭受了相当于百万倍太阳质量的剧烈爆炸所造成的能量冲击而破碎不堪，恒星如同正在甩干身体的狗身上的水滴一样四处飞溅。它们周围的行星，无论是绿色的世界还是蓝色的世界，都因巨大的震撼被吹散了。“宽恕我们吧，上帝！请息怒。”M82就像阿卡斯的离弦之箭，射中母亲的心脏。

大熊座的七颗亮星中，有五颗真的属于同一个星团，距离我们大约80光年。天枢比这个星团更远，距离我们105光年。蓝白色的巨星摇光比其他几颗都要更远，距离我们210光年。北斗七星都属于我们的银河系，而且距离相对来说都不算远。M81和M82距离我们700万光年，它们是银河系之外遥远孤独的“宇宙岛”，悬在茫茫虚空的汪洋大海中。以地球上的时间计算，击碎M82核心的爆炸发生于850万年前，考虑到距离，在我们现在观测到这个星系时，那场爆炸刚刚过去150万年。在那场灾难的冲击波里，我从这座高山启程，我从这幕黑夜启程。“看，看那群星！看那头顶的天空！”跨越光年，星系在黑暗的天空中燃烧，这是思想之光。

※

奥伯斯佯谬直到20世纪才得到解决，而且这答案完全出乎意料。在1912年到1928年之间，天文学家维斯托·斯里弗尔成功地获取了40个星系的光谱。当时，人们还不知道所谓的“旋涡星云”就是和银河系一样的遥远的恒星系统。斯里弗尔让星系的光穿过棱镜，然后观察它们彩虹般的色散。星系发出的光是典型的恒星光，但是光的波长会有轻微的延长，朝着光谱上红色一端位移。星系光的红移暗示斯里弗尔，星系正朝着远离我们的方向运动，这就是所谓的多普勒效应，而当卡车在高速公路上疾驰而过的时候，它的咆哮听上去也会有同样的效果。当卡车接近我们的时候，声音波长被压缩，音调升高；而当卡车远去，声波被拉开，音调降低。这原理也同样适用于光波：光源朝着我们的方向运动，光波压缩，向着光谱上蓝色的一端或者短波的方向位移；光源远去的时候，光波拉长，发生红移。M81正在以每秒77千米的速度急速远离我们而去，而M82远去的速度更是让我们追赶不及，达到了每秒386千米。

起初，这样的结论可能让人觉得有点奇怪。星系飞离我们，难道是因为我们对周围的天体没有吸引力吗？难道我们正处于被宇宙排斥的中心吗？答案非常显而易见，而且很快就明朗了。就在斯里弗尔获得星系光谱的同时，威尔逊山天文台的埃德温·哈勃和米尔顿·赫马森成功地测量出了星系间的距离。他们发现了人们未曾预料到的联系：星系不仅仅是远离我们，其远离的速度还和与我们之间的距离成正比。这关系非常精确，以至于我们可以推测，宇宙中的所有地方都在均匀地向外扩张。星系似乎正在彼此散开，空间正在膨胀。我们的银河系不是宇宙排斥的中心，每一个其他星系上的居民都会看到他们的邻居正在远离自己而去。如果星系正在彼此远离，根据它们的相对速度和现在的距离，不难计算出140亿年前它们一定靠在一起。星系的扩散始于宇宙的大爆炸。那是最早的初生之火。那是真正的创世大爆炸。

于是，我们可以解决奥伯斯佯谬这个遗留问题了：夜晚是黑暗的，原因在于宇宙正在膨胀。宇宙或许有限，或许无限。但是，无论怎样，宇宙经历的时间是有限的。它的开端就在140亿年以前。因此，我们没有办法接收到140亿光年之外的恒星散发的星光[1]，因为根本没有这样的星体存在。进一步说，后退中的光源减弱了亮度，如果遥远的星系还在远离我们，它们就不会像奥伯斯佯谬中所提到的那样应该对我们的夜空贡献出一份光明了。宇宙太年轻，还不足以让我们的夜空处处光亮。

※

我们的生活被黑暗环绕。“如果夜晚不用露水和黑暗修复这溃败的世界，那日子会是多么令人难以忍受！”梭罗写道，“当阴影开始聚集……我们偷偷地前行……就像丛林中的动物，寻找沉默又忧郁的思想，那是才智的

1 由于宇宙膨胀，恒星的距离可以比140亿光年更远，但依然有限。

天然猎物。”夜空，是神秘主义者、哲学家、科学家和神学家狩猎的乐园。我沿着山脊走上一条黑暗的小路，独自前行一个小时。大熊在东方的天空中循着路径移动了六分之一。小熊正围绕着北极星摆动尾巴。宙斯迷恋卡利斯托。卡利斯托放下她的箭袋。赫拉因为嫉妒而设计陷害卡利斯托。卡利斯托爱着阿卡斯。阿卡斯害怕大熊，箭矢搭在弓弦上正要射出。

“今夜，在无尽微茫的星光之下，树和花朵飘散着清冽的芬芳。”这是我第三次在这个冥思之夜想起西尔维娅·普拉斯的诗。每天都是生活的片段，每个人的生活都围绕着一些淡淡的黑暗。星系从我们身边跑开，稀释了它们的光辉，让夜空暗淡下来。夜晚是宇宙年轻时的样子。我走过的道路两侧都有用篱笆围起的，由黑莓、忍冬和灯笼花组成的树篱。从灯笼花的小灯罩里发出灰暗的微光，花哨的暗紫色和猩红色褪去，随着离去的星系一起飞远了。宇宙太年轻了，我走进它青春的光芒。现在有时间了，“树木有时会触碰我一下，花儿有的是时间陪着我”[1]。

---

1 节选自西尔维娅·普拉斯的诗歌《我是垂直的》（*I Am Vertical*）。

5

万物之初

“春天慢吞吞地走来。”诗人这样唱道。可这天早上，春天就这样来临了。它躺在冬天里被压展得平平的草地上，藏在被仍在沉眠的动物掘得深深的却最终被遗弃的草间地洞里。春天悄悄地躲进借来的巢穴中。这是4月的第一天，草地鹨也回来了！

我没有看见它。4月之前很少能看见草地鹨，除非你能靠得足够近，把它从藏身之地吓出来才行。但是，它那长长的、含混不清的、双音节的鸣叫声，像番红花的盛开，稍微有些为时过早。在一两个月之内，草地会再次翠绿繁茂，但今天，春天的迷思沾染了些许悲叹的意味，就像草地鹨的歌声那样不够舒展。

草地鹨的叫声没有什么过错，我也能吹出这样曲调的口哨。但我该如何描述这声音呢？就像从跳板向冰水里跳跃？就像4月的风击碎玻璃窗？不，怎么说都不够确切。我翻阅我的鸟类相关图书，《黄金野外指南》提供了非常科学的“声谱图”来展现频率与时间之间的关系。我在图表上查阅到这曲调，大约持续2秒钟，音域位于中央C之上三到四个八度。可是这样的内容根本没用。《彼得森指南》上的内容略好一些：“两声清脆的、含混的哨声，悦耳而悠长。”“嘀呀——嘀咿呀——”彼得森尝试用尽量客观的感受描述鸟鸣声，这让我们更接近原本的声音，而不是奇怪的、悲伤的音乐。

通常情况下，人们总能从一本旧指南书中得到更接近现实的答案。查普曼的经典之作《鸟类手册》出版于1895年，其中记录了这样的文字："草地鹨的歌声清脆而悲伤，是一种不同寻常的甜美哨音。"啊，这个描述更好了——甜美而悲伤。但在我们这个例子中，有关鸟叫声的一切，都没有比F.斯凯勒·马修所著的那本已有75年历史的《野生鸟类及其啼声手册》中表达得更好的了。"这支歌，"马修说，"如果不说它是伤感的，那毋庸置疑，它只能是悲凄的。"马修用他独具特色的夸张表达，把草地鹨的叫声描述为歌剧《茶花女》中男主人公阿尔芒所演唱的前两小节剧目，但其演唱方式更像是薇奥莉塔发现自己必须放弃阿尔芒时的唱腔。甜美又悲伤。草地鹨的歌声，就是春天！

为什么开始总是伴随着悲伤？婴儿的降生，新年的伊始，贝多芬交响乐第一声胜利的音符，正在复苏的草地上一只野鸟的叫声——所有这些约定的、欢愉的时刻，都沾染上了一种奇怪的、甜美的忧郁。草地鹨知道什么我还不知道的吗？这位身着黑金相间法衣的侍僧也有着自己的秘密。在皱巴巴的草地上的藏身之处，它正做着关于存在主义哲学的讲授，发表着玫瑰与荆棘的论述。它满怀希望地宣布春天来临，声音中又带着丝丝忧伤。就像光明伴随着阴影，才开始便预示着收场。

※

来自地中海先民们的创世神话，后来被查理斯·多利亚和哈里斯·莱诺维茨翻译成了英语。神话中，上帝创造万物，伴随着七次大笑：哈哈哈哈哈哈哈。上帝能理解草地鹨的内心吗？他发出第一声笑的时候是不是眨了眨眼？那全是玩笑吗？还是一个恶作剧？今天是愚人节，完美的春日起点，完美的创世之日。

多利亚和莱诺维茨这样描绘上帝的第一声大笑：光芒（闪耀），显身，万物崩裂，宇宙之神，火神。这部神话有2000年的历史，只能从古文中翻译个大概，很难从中发现关于现代科学宇宙诞生理论的蛛丝马迹。“宇宙大爆炸”，天文学家弗雷德·霍伊尔就是这样轻描淡写地称呼宇宙的诞生的。也许“大闪电”是个更好的名字，或者“大劈裂”也不错。140亿年以前，一切都不存在。后来上帝笑了。无限致密、无限高温的能量种子，从虚空中涌现出来，向着无边的空间中扩散，最终漂流蜕变成物质。根据当下的宇宙学思想，这创世的第一声笑，只持续了十亿分之一的十亿分之一的十亿分之一秒。笑声结束，宇宙开始如闸门中涌出的奔腾洪水般不肯停歇地运转下去。

基本粒子物理学家和宇宙学家围坐在一起，用方程式、铅笔还有黄色便利贴，重新建立起关于宇宙诞生的最初瞬间的理论。这是宇宙尺度的野心，值得我们认真对待。他们是探测到夸克和类星体的人，是把物质转变成能量的人，是描绘出百万分之一的百万分之一秒的粒子运动轨迹的人，是寻找着比玻璃上的指甲刮痕更微弱的蛛丝马迹的人。这样的人如果提出这样的问题是很自然的：宇宙从何时、何处诞生？如何诞生？找到这些问题的答案，从数学上说，就像是把物质往反方向推导，就像是反转一个星系的演化，就像是把牙膏塞回软管里。

对宇宙起源的推测，源于对星系的后退的发现。也就是说，宇宙正在膨胀！空间就像是正在被吹大的气球，或者是平底锅上胀起的面包。当空间膨胀的时候，星系就会如同浑圆气球上涂绘的斑点，或是面包上点缀的葡萄干，彼此之间的距离越来越远。有趣的是，爱因斯坦早在20世纪初就预言了宇宙这种奇怪的行为，并将其以广义相对论的方程形式表达出来。这些方程看起来坚信宇宙就像正在发酵膨胀的面团。这结果太古怪、太出人意料了，爱因斯坦拒绝接受。因此，他给方程式增加了一项完全没有必要的常数，想要避免再得出那样的结果，当然，在这个过程中掺杂了数学的简单优雅。后来当埃德温·哈勃宣布宇宙的确正在膨胀的时候，爱因斯坦立刻冲到威尔逊山天文台借用哈勃的望远镜观探星空。据说当时在山上，有人对爱因斯坦的妻子艾尔莎解释说，这台100英寸（254厘米）口径的巨型望远镜是用来确定宇宙的结构的。“好吧，好吧，”艾尔莎回应道，“这件事我丈夫在一个旧信封的背面就做到了。”在威尔逊山天文台上看到的东西给爱因斯坦留下了深刻印象，最终他从自己的方程中去掉了那个突兀的常数项。他说，这个常数是他这一生中所犯的最大的错误。

如果星系正在四散飞远，那么它们曾经一定靠得很近。如果我们倒过来播放这部电影，就会看到星系从四面八方聚合，彼此加速靠拢。它们会腾出无尽的虚空，挤碎所有的恒星，就像用手攥住一把潮湿的沙子。星星挤压着星星，物质碰撞着物质，宇宙的密度大得吓人。

电影会在一片纯净能量爆发出的令人目眩的剧烈光芒中结尾。无尽，非凡，初生的宇宙之神，火神，这就是万物之初。

根据众所周知的物理学定律，现代宇宙学家可以轻松推算出宇宙在不同历史阶段的每个瞬间的状态。利用这些计算，我们现在还可以把这部电影再倒回来。宇宙诞生于140亿年前的剧烈光芒，那来自无限致密的纯粹能量之种，是原初的创世火球。这种子不单存在于某一个地方，它无所不在。虚空在宇宙开始膨胀之时自我创生。就在百万兆分之一的百万兆分之一的百万兆分之一的千万分之一秒之后，基本粒子——这里指夸克和电子——闪现跳跃在辐射背景中，破损重组，破损再重组，形成宇宙创生之初的原始材料，造物的过程挣扎着开始了。

造物之初的百万分之一秒之后，夸克跳起三人之舞，质子和中子出现了。又过了千分之一秒，质子和中子开始彼此黏合，成为轻元素的原子核。物质和反物质彼此湮灭，在自我毁灭的狂乱中纵情狂欢。只有中微子的洪流涌向未来。

时光飞逝，宇宙冷却，原子形成。之后星系也出现了，再之后是恒星。类星体就像明亮的灯塔闪耀在星系的核心。空间继续膨胀。上帝发出第一声“哈”的几十亿年之后，宇宙开始看起来有点像我们现在看到的样子了，尽管这时距离太阳系从银河系遍布尘埃的凌乱角落里形成还有80亿年。那个时候，造物主刚刚发出他的第五声笑（据多利亚和莱诺维茨翻译的神话所言）。甜美而忧伤的歌声再度响起，造物才刚开始，冬季已在角落潜藏。

※

不久以前，物理学家和天文学家绝望于永远也不能探知在宇宙诞生之前到底发生了什么。在宇宙历史上那个特殊的时刻，他们的方程式就像冲天火箭一样无限发散。宇宙的密度和温度的数值无限地增加，成为数学上不可攀登甚至难以观望的高山。空间和时间坍缩在一个无限小的奇点中，数字如同越缩越窄、越来越深的无底洞般持续减小，直到对它的计算方法成为一根太长太细、难以追寻的丝线。这就像我所居住的小城中的一条街。当地历史学家说，这条街拆掉路面就变回了曾经的泥泞道路，再往前追溯就是一条小径，再之前这里只有攀爬上树的松鼠的痕迹。以数学方式追踪宇宙到万物之初，就像是沿着这条街追寻，最终发现自己除了爬上了那棵树之外无路可走。是什么造成了大爆炸？这个问题如果不是毫无意义的话，就一定非常棘手。宇宙创生是无中生有，这似乎违背了物质和能量的守恒定律。但是，物理学家也只能耸耸肩说，事实就是那样，然后就再也没办法解释更多了。当然，对造物主而言，那就如同一声轻笑或是一天的工作那样容易理解。

后来，新一代的年轻宇宙学家在推测万物之初的时候，变得越发地大胆，并得以从他们的方程式中瞥见宇宙诞生之前的世界。他们借助了最近的有关物质在高温环境下的行为的发现。他们调整了关于空间和时间的理论，引导我们重新了解夸克和中微子、难以捉摸的W和Z_0粒子，以及其他组成宇宙模块的亚原子基本粒子。所有这些知识给我们带来了一个惊人的预测：我们的宇宙，这个诞生于140亿年前的能量和物质辐射所形成的火球中的宇宙，也许只是众多宇宙的其中之一。宇宙可能就像更大的超空间与超时间基质中的泡沫一样沸腾，它随着超空间中的量子扰动而爆发。恒星和星系的正能量，与引力势能的负能量相互平衡，造物的所有泡泡相加却等于零。我们的宇宙是从虚无中爆发而不违反物理定律的泡沫，是包裹着我们的空间、我们的时间、我们的银河和它无穷无尽的星系兄弟的泡沫。如果做出这些计算的“魔术师”所言不虚，那么这些宇宙存在于全部的时间中，而我们群星闪耀的夜空只不过是一颗还在不断自我创造的星系泡沫的内部。

如果这些内容让你觉得头晕目眩，那我要恭喜你了。烧脑，是所有伟大科学的基本要求。在哥白尼发现地球只是众多行星之一的时候，在牛顿告诉我们太阳只是一颗恒星的时候，在哈勃证明了旋涡星云就是另一个银河系的时候，他们的大脑也会因剧烈运作而眩晕。《天空和望远镜》杂志的高级编辑艾伦·麦克罗伯特写道：“无论自然的属性是什么，在我们耐心调查之前，我们所见的都不如还未曾发现的景象更丰富。我们发现，自然从来不吝惜它的广博与丰饶。”上帝的“哈哈哈”并非低声窃笑，他在毫不遮掩地捧腹大笑。

※

如果草地鹨甜美又忧伤的歌声将我们的思绪引回创世之初，引回宇宙那个甜美又忧伤的季节的开端，那么红翼鸫的刺耳呼唤就是超级空间中隐藏的声音，虚无空灵，随意起伏，超越了万物初始的时空界限。在我新英格兰的居所附近，红翼鸫是最先到来的鸟类。它们早就来了，在春天之前，在讨厌的卷心菜之前，在柔弱的柳树之前，在卷曲的蕨类植物之前，在草地鹨之前。而今年，红翼鸫比往年来得还要早。2月的第二个星期，它们就出现在了我家附近。我听到它们站在水塘边高高的橡树上大声聒噪，假装善于交际。很快，它们会沿着溪流找到更矮小的树木，用刺耳的叫声互相防范，保护各自的水源不被侵犯。乌鸦活跃起来了！整个漫长的冬天里，乌鸦都占据着自己的栖身之地。现在，它们呱呱喧嚷着、盘旋着、抗议着突然到来的红翼鸫的侵占。专横的红翼鸫，栖息在它们各自的树梢上，完全忽视了乌鸦的不满。

红翼鸫是一种冷漠的、傲慢的鸟类，身上唯一的光彩之处就是它的双翼的颜色。它的嘶鸣声尖锐得可以锯断木头。它的红翼是它在旷野中的声音，披挂着骆驼的毛发，啄食着蝗虫与蜂蜜。我们原谅它的一切。我们原谅它，因为它是万物之初的开始，它是一切之前的开始。它最先到达，有时赶在冬天风雪退去之前，有时赶在春天甜美而忧伤的气息之前。从它的嘴里，泡沫状的宇宙开始诞生，超越甜美，超越忧伤，超越物理学家的方程式的跌宕起伏。这就是万物之初。在上帝发出第七声笑的时候（我仍然跟着多利亚和莱诺维茨笑）——他看了看这一切，像只鸟一样飞去了。

6

古老的光辉

起初……地是空虚混沌的。神说，要有光，就有了光。

在创世的最初，亚原子的粒子对抗着背景辐射，闪烁不定。宇宙是煮沸的物质和能量的火球。宇宙诞生1秒钟之后，温度下降到100亿摄氏度，物质的创造停止了。质子、电子和中子，在光的海洋中舞蹈，直到宇宙盈满了炫目的辐射。

100万年过去了，宇宙冷却到可以使带电粒子抵抗辐射能量的压力，抵抗大分裂。电子连接原子核，形成了原子。宇宙中的烈性酒诞生了，主要是以氢和氦的形式存在。这些原子很轻，可以肯定，气球用它们装满就可以飘上天。但是现在，宇宙已经打下了基础，具备了建造世界的原子物质。光的统治减弱了，宇宙开始变得透明。但是，我们还要用一个章节描述一种古老的光辉。在接下来的10亿年中的某个时刻，星系开始形成，再用不了多久，类星体就会出现。

※

我今天在邮箱里收到一位朋友从报纸上摘抄的一首诗。这首诗描写了牧师带来的天主教教育可能产生的影响。诗歌的结尾有几行乔伊斯式的句子：“他们用恐惧和强迫，冲洗了我们灵魂深处的罪恶，上帝的神圣珩鸟，哭泣着飞入高原的雨中，那里是仅存的圣地。”朋友随诗附上了一张字条，上面问我：“你的珩鸟是不是也发生了什么事？”我不知道我的珩鸟发生了什么事，但它肯定已经冲破了牢笼。

大部分珩鸟都是生活在岸边的鹬鸟类，但是高原珩鸟并非如此。它们在高海拔的荒原和沼泽上安家，在山坡的旷野和坑洼的草甸上筑巢。它们的声音像是风的呼哨声，即使在夜晚也清晰可闻。这是一种害羞的鸟。它有着干草的颜色。不经意间，会听到它强烈的、空气中的柔软泡泡般的鸣叫。我的一本鸟类手册上说：“在它们迁徙期间，人们会清晰地听到，这些长途跋涉超越人类视觉极限的鸟类歌唱时的甜美音调。”如果诗人想要寻找逃亡的上帝的象征，没有什么是比高原珩鸟更好的选择了。

我说不清自己青年时代的上帝何时逃进了高原的雨季。他不受我的灵魂驱动。他的逃离也不是我的老师们的过错。在我大学毕业前，我曾真切地感受到上帝的面容离我很近，那是一段充满信仰的时期，但在大学毕业后不久，我遭遇了信仰的危机。作为大学生，又作为一名天主教徒，我度过了一段令人兴奋的时光。在学校中，我们阅读法国天主教作家的著作：贝尔纳诺斯、布洛伊、佩吉、莫里亚克、马里顿和德日进。我们也读英国作家的作品：G. K. 切斯特顿、格雷厄姆 · 格林、伊夫林 · 沃，还有霍普金斯。我们还读西格里德 · 温塞特和安托万 · 德 · 圣 · 埃克苏佩里。神圣的珩鸟在每一页纸上跳跃，成群地伸展双翼，扑棱着翅膀制造骚动，淹没了它们尖细的、充满怀疑的窃窃私语。艾米莉 · 狄金森把希望叫作“有羽毛的东西”。珩鸟就是我们的希望，是信仰，是慈爱。后来的某天，我一觉醒来，我的珩鸟已经不见了。屋顶上一只嘲鸫正在唱着动听的歌，但是珩鸟已经回到了高原，无影无踪。我投向科学书籍，忙着自己的人生事业。但有些东西已经失去了——“有羽毛的东西”。上帝缺席的时候，我试图创造出鸟类学的神学。我聆听冬天里山雀的双音节叫声，品味春天里草地鹨的甜美又忧伤的歌喉。我等待正午时画眉鸟婉转的咏叹调，也期盼黄昏里喧鸻的刺耳尖鸣。但是，神圣的珩鸟仍然在高原上和风雨同行。有时我的内心深知，它已经一去不回了。

在夜晚最黑暗的时候，在星光下，我听到那干涩的啼鸣。那是风声还是珩鸟在屋后的小山上徘徊？我看不见珩鸟，因为它有着干草色的外表和风声般的啾鸣。19世纪鸟类学家法兰克·查普曼这样记录高原珩鸟："在一片草场上策马而行，只匆匆一瞥，根本无法察觉一只珩鸟的踪影。但若仔细搜寻，认真探查，总会发现潜藏其中的珩鸟其实并不在少数。"而上帝，也像珩鸟一样隐藏在干草、雨水和夜晚最暗的星光中。

※

用后院的望远镜就能看见类星体3C 273。我用我的14英寸（约35.6厘米）口径的望远镜看到过它。如果不查看星图，我永远不会得知我看到的究竟是什么。类星体3C 273看起来和任何一颗暗弱的蓝色恒星一样，处在我所使用的望远镜的观测极限。3C 273看起来就像室女座成千上万的、暗淡的十三星等的恒星中的任何一颗。为了找到它，我将我的望远镜指向明亮的室女座恒星太微左垣二，然后向西北方扫过几度，直到视场中出现与星图上的位置相吻合的那颗星。太微左垣二距离我们35光年远，按照宇宙的尺度来说，它是我们银河系的邻居。比它距我们更近的恒星只有二三百颗，它们当中大部分都很渺小，而且暗弱，甚至无法用我的14英寸望远镜观测到。类星体3C 273距离我们15亿光年远，比太微左垣二要远1亿倍，远在银河系所有恒星之外，远在其他数以亿计的可见星系之外。类星体3C 273距我们15亿光年，它的光来自15亿年前。望远镜里这个寻常的小亮点是我目睹过的最接近宇宙诞生之初的东西。这个蓝色小光点，是我对宇宙创生之后令人目眩的光辉的匆忙一瞥。

自然为我们提供了一种回顾早期宇宙的方法。光线从遥远光源来到地球需要时间。当天文学家通过他们的望远镜看到遥远的天体，他们就正在回溯历史。恒星几光年远，星系数百万光年远，而类星体离我们几十亿光年远。我们靠类星体可以回溯几十亿年的时光。类星体是目前我们可以观测到的最遥远的天体。3C 273的光是迄今为止进入我眼中的最古老的光。

※

1963年，加州理工学院的马尔滕·施密特首次发现了类星体。施密特捕捉到了照片底片上类似恒星的天体的光谱，光谱中大量射电能量的发射吸引了天文学家们的注意。这些天体被称为“类似恒星的射电源天体”，简称“类星体”。它们的光谱非常奇怪，与其他任何恒星的光谱都有所不同，光谱的颜色与任何已知物质的辐射形式都无法匹配。天文学家对此十分困惑。后来，灵光乍现的施密特在神秘的光谱中认出氢原子光谱的伪装特征，典型的氢辐射波长已经朝着光谱的红端（长波方向）急剧移动了！只有多普勒效应会造成波长变长，即光源和观测者之间的分离运动导致了光的波长的延伸。如果所有这些天体都在后退着远离我们，那一定是因为它们受到了宇宙整体膨胀的影响。光谱上罕见的巨大红移提醒了施密特，这些天体离我们特别遥远，比之前观测过的所有天体都更远。

如果宇宙均匀地膨胀，那么遥远天体的星光的红移程度，与该天体到我们的距离成正比。3C 273曾经被施密特考虑当作射电源。它的红移对应着每秒48000千米的后退速度，是光速的16%。3C 273和施密特其他样本中的类星体显然相距我们数十亿光年之远，比如今可见的最远的星系还遥远。它们的光从宇宙诞生之初就开始向我们奔来。

但是类星体比遥远的星系要明亮闪耀得多，这就是为什么我能在自己14英寸的小望远镜里看到这些自宇宙初期就开始燃烧的火炬。这些跨越亘古向我们招手的物体，这些用对远古纪元的惊艳一瞥引诱我们的物体，究竟是什么呢？从它们闪烁的光芒中，天文学家可以推断出类星体的尺寸是非常小的，可能还没有我们的太阳系大。可它们却又比整个银河系还要明亮1000倍，它的光辉可以掩盖百亿个太阳的光芒。

有些天文学家不愿意相信这么小的东西内里却能爆发出如此巨大的能量。他们希望证明类星体其实就在我们附近,这样就不需要相信类星体真能明亮至此了。不过，如果类星体真的离我们很近且不受宇宙膨胀的影响，那又是什么造成了它们光谱的剧烈红移呢？

现在类星体的宇宙学距离几乎得到了广泛接受，但至今还没有人知道这些奇怪的来自宇宙创世之初的神秘旅行者的本质是什么。如今越来越多的人达成共识，认为类星体其实是非常遥远的星系的明亮核心。也许在恒星密集的星系中心区域，引发了连锁的超新星爆发。但由于星系本身太过遥远,所以我们完全看不到。更有可能，它们是年轻星系的核心，其中心是猛烈吞噬周围物质的超大质量黑洞。由于黑洞强大的引力，周围物质在快速落向黑洞的过程中释放出巨大的能量，使得类星体成为宇宙中最耀眼的天体。

巡天观测已经证明，类星体的数量随着距离的增加而增加。显然，这些天体在宇宙的早期比在今天更常见。如果类星体的黑洞模型是正确的，那么在年轻星系的演化过程中，有一个典型的阶段就是形成大质量的中心黑洞。恒星坠入这些巨大的宇宙深坑，就像水流回旋着被冲入下水道，速度逐渐增加，直到接近光速，在所有波段以辐射的形式释放出丰富的能量。数百万的恒星坠入宇宙黑洞那大张着的深渊巨口。这些星系初生时所承受的剧烈痉挛现在大多已经平息下来了，包括我们的银河系在内，它们现在以一种更为平静的方式存在着。

原始宇宙中，类星体不仅比现在数量更多，也更加明亮。我们甚至可以嫉妒当时更加璀璨的夜空。那时候星系之间比现在靠得更紧密，在炽热的蓝色恒星的光芒下灼烧。在那些硕大光轮的中心，物质流进黑洞，被引力拉扯成令人难以置信的密度，永远坠入黑暗——恒星、行星、卫星、雨和风，全部无法逃离，一去不回。流入黑洞的物质释放出巨大的能量，滋长了星系的核心，让它们散发出无与伦比的光芒，掩盖了天空中其他的星光。宇宙闪耀着光的信标，这是光明的时代。

※

在大型大视场望远镜为夜空拍摄的单张照片上，可能容纳着多达20万颗疑似恒星的光点。也许它们当中的几百个就是类星体。这些隐藏在众星之间闪耀得怪异的天体，就像躲藏在干草中的珩鸟。它们低频的氢辐射混淆在星光中，就像珩鸟的歌声藏在风里。如果120亿年前的地球上有人类存在——如果那时有地球的话——他们就会目睹类星体在夜空中的各个角落燃烧，散发出足以致盲的光亮。我们的银河系的核心是什么样子呢？过去也曾经是类星体吗？如果是这样，那么它的光芒就也曾击倒了我们，晃动了芦苇，压弯了干草，比1000个太阳更耀眼。它看起来会像天上的玉石，像纯净剔透的水晶。恒星只能隐没在它的光辉里，昴星团的迷人微笑不再甜美，巨人猎户座在它面前也只能自惭形秽。

圣保罗被锤击炼钢炉所迸出的火花撞击到地面上，圣约翰目视它在盛夏炽烈阳光下燃烧，葡萄牙的特蕾莎女王沐浴着绚丽夺目的华美光芒。看起来，神秘主义者们直观地体验到了创造的光彩。现在，它们一去不回了。那种古老的光辉，数十亿年前年轻宇宙中那种纯净光芒的洪流，都一去不回了。当我决定找寻3C 273这个相对近一些，又是我们天空中最亮的类星体的时候，我等待了一个星期，盼来了无月夜；又等了一个星期，盼来了晴夜。我希望室女座尽可能地高出地平线，这意味着我要在寒冷的2月的夜晚等到黎明。几个星期的等待似乎并非没有理智。我所追寻的暗光，在类星体逐渐远离地球的情况下，已经在宇宙中朝着我行进了几十亿年。当进入我的望远镜的光离开3C 273的时候，地球上还只有海洋中浮游的单细胞微生物。这些没有进化出双眼的生物看不见年轻银河系的璀璨，也看不见无数装点夜空的燃烧着的巨大蓝色恒星。我沿着北斗七星移动望远镜，让它向着大角星画出弧形，直到能窥视到角宿一。角宿一是室女座最明亮的恒星，是引领我找到类星体的信标。我屏住呼吸徒手操作，并不使用旋钮，小心翼翼地移动望远镜，从角宿一挪向太微左垣二，挪向黑暗，跟随着星图的指引穿过零星的暗星。最终，3C 273悄悄溜进我的视野，谨慎小心，隐姓埋名，穿越光年的距离，把创世之初的光辉压缩为暗房里的一个小光点。就像一只鸟儿在高地的雨水中哭泣，微弱、遥远。在我见到这个类星体的时候，天空开始变亮，类星体几乎即刻就要消逝在太阳的光辉里。我想起《瓦尔登湖》的最后一段话:“使双眼视而不见的光亮，对我们来说就是黑暗。当我们清醒时，曙光才会破晓。来日方长。”

7

蛇与阶梯

类星体，最遥远的可见天体，在它们光谱中展现了熟悉的氢的特征。在猎户座恒星之间的尘埃和气体云里，天文学家已经探测到泄露天机的碳、氧、氮、硫和硅的辐射。在星际空间的稀薄环境里，他们还发现了水、氨、乙炔、乙醇以及地球上常见的许多其他分子。看起来，宇宙在建筑材料方面是公平的。星系和恒星、行星和卫星、细菌和蓝鲸，它们全都只不过是92种元素的不同排列。

给我92种元素，我能创造一个宇宙。无处不在的氢，冷漠淡薄的氦，令人恐惧的硼，内涵深刻的碳，行为放荡的氧，忠诚可靠的铁，神秘莫测的磷，另类新潮的氙，自以为是的锡，左右逢源的汞，动作迟缓的铅……如果你愿意，想象一下，有一间储存着92种元素的化学储藏室。拔掉软木塞子，打开阀门，倾倒那些小盒子与小罐子，看看会发生什么。能量释放，能量吸收。原子相互连接形成分子。简单的分子重新组装起来形成复杂的分子。火花、闪烁、烟火、光芒。化学元素的暴乱。常见的和不常见的组合。这些是掌控秩序的狂怒的元素。这些是对生命充满热情的元素。元素的意义，比我们双眼能看到的更多。锄是银色的，它的盐燃烧时却是深红色的；钙调节着心跳，在我们的身体中基本储存于两个地方：牙齿和骨骼；我的每一口呼吸都吸入了氮，它构成了蛋白质的主干，也是TNT炸药的主要制作材料；砷会杀死你，但它的某些化合物却是药物；懒惰的氩做什么都显得毫无用处，可如果取一个惰性的气态氩的原子，再让它撞上一个额外的质子与一个额外的电子，就能得到固体状态的活跃的钾；地壳中所含的钾的自然放射性，推动了物种的基因突变，驱动了生物的进化。

为什么哲学家吝啬于关注这些有魔力的、多变的东西？在西方思想史的早期，物质扮演着创造世界这幕戏剧中最不重要的角色。担当主演的是光、力量、能量、精神。物质只是宇宙的浮渣，是谷糠，是存在链条的底端，是地球通往天堂最高处的价值阶梯上的最低一级。物质是野性丑陋的半兽人卡利班，而光是空气中缥缈的精灵爱丽儿。[1]物质是精神的负担。

20世纪，物理学走过了相当长的道路才把物质从哲学范畴的低迷中拯救出来。最近在高能粒子物理方面的研究表明，相较于阶梯，事物的存在链条更像是一条咬着自己尾巴的蛇。探索原子的内部，物理学家遇到了星系的宇宙。在物质的核心处，他们窥见大爆炸的光芒。

1　典故出自莎士比亚的经典戏剧《暴风雨》（*The Tempest*）。

卡利班摘掉自己的面具，他就是精灵爱丽儿。

※

我有一个朋友，名叫安妮 · 撒克逊。她出身于一个石匠世家。她的弟弟伊万仍在雕刻石头——他继承了家族的事业。他能刻出新英格兰最出色的墓碑。石头就是伊万·撒克逊的生命,“撒克逊”的含义就是石头。安妮是一位学者。她生活在思想、艺术和光的世界。“光奇怪地进入我的眼睛。”她坚持道。她改变家里的家具的位置，她把墙壁铺满壁纸，她从来没有放弃绘画。她正在塑造光，她说，她想尝试让物质“通通风”。她在天花板上安装天窗，她凿破墙壁装上窗子。圣诞节的时候她会在每扇窗前都摆上蜡烛。她严格规划自己的生活，在日出前起床，日落后很快就睡下。她坚持艾米莉·狄金森所说的新英格兰典型的“对光的奇怪偏见”。她试图活出“空灵”的生活状态。她说：“物质只是实现审美的手段。”安妮曾经与我谈论她为什么喜欢教堂，她说，教堂的礼拜仪式，就像是新英格兰的独特光辉。我感觉，促使安妮 · 撒克逊去教堂和让她在自家屋顶上开洞的原因是一样的，她布置物质为的是精神方面的效果。毕竟，基督教的圣餐礼的意义不也正是如此吗?

用简朴的话语来形容，伊万·撒克逊是一个简单的人。他是大自然的工程师，是一位农夫。伊万深爱着乡土。植物可能依赖阳光进行光合作用，但伊万负责照顾它们的物质需要。植物为了扎根，需要多少肥料、多少水，他对此有着准确无误的直觉。伊万考虑的是物质如何汇聚在一起，如何起作用。很长时间以来，他担心家传的银制餐具会变色。某一天，他看到当地政府寄来的邮件上说，镇上的供水所含盐分过高，建议对钠的承受度不高的人不要饮用。伊万把这个消息和餐具的事联系起来，终于让它们重新闪闪发亮。

伊万对光影的转换不感兴趣。他感兴趣的是那些稳固的、看得见摸得着的东西，比如石头。他说，花岗岩会永久存在，他在乎这样的东西。在纪念碑店铺，他用双手接过新交付的石头。它会被日晒雨淋吗？它会褪色吗？它会有裂痕吗？它柔软吗？它坚硬吗？他永远不会满足于现在的工作成就。他见过历史上那些伟大的石匠的作品，他知道他还比不上这些人。但他了解石头。多年以前，在用黑色花岗岩制作墓碑成为时尚的时候，伊万觉得很困惑，他认为这对新英格兰来说不是最佳的选择。花岗岩不是本地产物，它在这里的状态不对。黑色花岗岩来自非洲，是一种热带石材，在这里用来书写不会有很好的效果。人们想让伊万在黑色花岗岩上用白色颜料书写。“画在花岗岩上！”他嗤之以鼻地重复，“颜料只能用在木材上！”人们想让伊万在墓碑上涂绘独木舟、猎犬和骏马，可他不喜欢那样。他宁愿刻上十字架和六芒星。石头才是永恒的，他说，不应该用来铭记那些傻里傻气的东西。他尤其喜欢用希伯来语书写自己的作品。他喜欢那些字母，喜欢那种奇怪的上帝的语言的神秘感。他去犹太教堂验证自己的想法。他雕刻石头靠的是理性。伊万可以滥用自己作为新英格兰人天生的坏脾气，但对于花岗岩，他坚信，不应该被滥用。

安妮生活在对光的追求中。伊万紧抱着他那满是灰尘的石头。阳光从来不会进入伊万工作的小屋。他呼吸着石材，粉尘为他的肺裹上一层外衣，在他的手指甲底下攒下了消磨不去的痕迹。而安妮每天早早起床，只为抓住破晓时分纯洁的阳光。我认识他们两个人。他们就像是同一枚硬币的两面。他们是咬着自己尾巴的蛇。在伊万的石头粉尘里，存在天使的圣光。而在安妮的墙壁上的光影游戏中，物质也正翩翩起舞。

※

物质的经典概念是指形态为固体且具有质量的物体，

就像受到握紧的拳头挤压的潮湿石头粉尘。如果物质由原子组成，那么原子也一定具有固定形态和质量。20世纪初，原子被想象成微小的圆球，或是花岗岩般的微小颗粒。在那之后，在尼尔斯·玻尔的物理学中，微缩的小球变成了类似乐器的东西，变成了精确调校过的缩小到100亿分之一的小提琴。随着量子力学的出现，“乐器”让位于纯粹的音乐。在原子的尺度上，物质的固体形态和质量都消解在光和虚空之中。突然之间，物理学家开始用作曲家的语言来描绘原子——“共振”“频率”“和谐”“级”。原子电子在合唱团中歌唱，等级和秩序如同炽天使、智天使、座天使和主天使。[1]物质和光之间的典型区别变得模糊不清。在新的物理学里，光可以像粒子一样反弹，物质也可以像光一样产生波的涟漪。

最近几十年，物理学家在物质的乐章中发现了优雅的亚原子结构。他们采用一种奇怪的新语言描述亚原子的世界：夸克、超夸克、胶子、奇异夸克、粲夸克。还有上夸克和下夸克、顶夸克和底夸克。常规物质中最简单的成分，例如质子，具有巴赫赋格曲的特征，由四个声部构成一个

1 源自中世纪宗教著作《天阶序论》。

完整的复调：物质、能量、空间和时间。物质的核心是琶音、半音和切分音。在物质存在最低的音阶上，宇宙诞生了。我们最终理解了维持原子和宇宙紧密结合的四种基本作用力，这对我们来说是一个值得纪念的非凡进程。让电子紧靠原子核的是电磁力，产生放射性衰变的是弱相互作用力。温伯格-萨拉姆理论成功地把这两种力用单一的概念统一起来。量子色动力学在解释“原子核内部结合质子和中子的是强相互作用力”方面取得了巨大的成功。全新的、高度推测中的“超对称理论”试图统一电磁力、弱相互作用力和强相互作用力，最终将束缚星系的引力也包括进来。这种“大统一”将实现爱因斯坦用一个无所不包的理论解释自然界全部作用力的梦想。

天文学家和粒子物理学家已经进行了卓有成效的对话。天文学家已经意识到，宇宙的大尺度结构可能是大爆炸初期粒子间微妙的相互作用决定的。同时，粒子物理学家也希望在天文学家的深空观测中找到证据，验证自己关于亚原子结构的理论。蛇已经咬住了自己的尾巴，别让它溜掉。

※

迄今为止，用于研究物质的最重要的设备是粒子加速器。这些机器完全是1932年由欧内斯特·劳伦斯制造的5英寸（12.7厘米）直径回旋加速器的后代。它们用电场加速粒子束达到高能状态，并利用磁场引导粒子聚焦。聚焦的加速粒子束撞击到另一些静止的粒子，或者与那些反方向运动的粒子束进行对撞。在这些撞击的残骸中，物理学家寻找着组成物质的终极成分。而略带讽刺意味的是，越是要探索物质结构中更深的层次，就越是需要更高能量的机器。

在美国，加利福尼亚的斯坦福线性加速器中心、芝加哥附近的费米国家加速器中心和长岛的布鲁克海文国家实验室都具备主要的研究设备。当前，费米实验室的超导质子同步加速器是它们当中能量最高的机器。这台机器被设计来通过3.5英里（约5600米）直径的超导磁铁环将质子加速到产生1万亿电子伏特的能量。1电子伏特可以让一节干电池传输1个电子或者质子。费米实验室的机器应用相当于将1万亿节干电池的能量作用于单个的质子，以将其撞成碎片，之后，物理学家就可以在质子残片中寻找新的发现。

在美国物理学家调试他们的大机器的时候，欧洲人争先恐后地赢取奖项。日内瓦附近的欧洲粒子物理实验室

（CERN）的碰撞粒子束加速器，是首台运行达到数千亿电子伏特能量的机器。1983年，CERN宣布发现了难以捉摸的W和Z_0粒子。这两种粒子在之前已经被电磁力和弱相互作用力的统一所预言。这项发现为该理论提供了令人震惊的验证（预测了粒子的存在），同时，也大大地激励和鼓舞了欧洲粒子物理学家，显著提高了他们的士气和声望。

日内瓦发现W和Z_0粒子的成就刺激了美国物理学家更努力地建造最大的机器。在能源部的高能物理咨询委员会建议下，美国物理学家放弃了布鲁克海文还未完成的碰撞束加速器研发工作，转而立即投身于为时12年的“超导超级对撞机”的建造工作。这台机器的研发将耗费数十亿美元，是当时历史上最大、最昂贵的科学仪器。计划中，这台机器将被掩埋在一座直径100千米的环形隧道中。它被称为“沙漠加速器”，因为它只能建造于美国西南部平坦的沙漠地带。它将把两束质子流加速到产生20万亿电子伏特的能量，再让它们迎头撞击。在这场悲壮撞击仅存的碎片中，物理学家希望找到能带领他们实现作用力“大统一”的线索，从而理解宇宙的起源和结构。

雄心勃勃的梦想，也可能是不切实际的梦想。社会大众可能会抵制花费数十亿美元来建造一台只能生产粒子的机器，况且这些粒子存在的时间极短，甚至来不及观测，只能推断它们是否真实存在。[1]但物理学家充满希望。他们发现，物质具有令人惊讶的美感与质感。物质是建筑砖瓦，也是建筑师；物质是音乐，也是作曲家。它是蛇的头和尾，是万物的最初，也是时间的最终。物理学家希望在尽可能的范围内探测到最小尺度的物质，而这些发现将揭开曾经困扰了神学家、哲学家和科学家的终极奥秘。宇宙是什么？宇宙从何而来？宇宙要往何处去？像萤火一样在物质表面起舞的名为生命的东西又是什么？

※

玛丽·居里，这位发现了镭元素的杰出的物理学家，在处理了成吨的捷克斯洛伐克沥青铀矿后从中获取了极小一部分的新元素。她提纯了新物质，把它装进玻璃瓶。这种被她发现的新物质，是元素周期表上最重的元素之一，基于这个原因，文艺复兴时期的炼金术士帕拉塞尔苏斯一定会认为这种物质存在于创世的根基处。但是，玛丽·居里的镭玻璃瓶发出了诡异的绿光。它发出的绿光，和穿透

1　出于费用攀升、缺乏共识等原因，1993 年 10 月美国众议院投票终止了这一项目。

望远镜的猎户座大星云的光一样，和时间边缘遥远的类星体燃烧而成的光一样。它的光来自创世之初，来自原初火球的闪耀，来自宇宙大爆炸。玻璃瓶里的光来自元素的自然衰变，物质奉献了自己，释放了纯粹的能量。

神圣的光芒把圣保罗从马背上掀翻。玛丽·居里也因为这种光芒而患病。就在她忙碌着把镭元素从杂质中释放出来的时候，看不见的死亡射线穿透了她的身体。在玻璃瓶里，怪异恐怖的辉光就是咬着自己尾巴的蛇。天使的光芒混合了尘世的烟灰。在居里夫人最后的岁月里，她饱受放射性辐射的残害，风寒和发热缓慢地摧毁她的身体，让她深受折磨。在她去世后，她的女儿说："她已经融入了那些她挚爱的物质。她奉献了自己的生命，永远地与它们融为了一体。"

居里夫人后院的工作间，是连阳光也无法抵达的地方。她就是在那里偶然发现了物质和能量的等价关系。基于这种等价性，宇宙学家就能逐步理解大爆炸的辐射、星系物质的诞生、类星体的驱动力和恒星燃烧的神秘原因。光和物质，在居里夫人指甲下的沥青铀矿的灰尘里达成了一种奇妙的统一。然后，光杀死了她。

8

星尘

只有胆大妄为的人，才会使用隐喻。使用隐喻，就像高空走钢丝，就像发射炮弹，就像在没有安全网的情况下凭空翻跟头。隐喻的麻烦在于，你永远不会知道它们什么时候会让你失望。你在半空翻跟头，站上摇晃的秋千——然后突然，秋千消失了。

用蝴蝶举个例子吧。当然，对于使用隐喻来说，蝴蝶是一个安全的赌注。美丽的娇柔，生命的脆弱。《牛津英语词典》用了半页篇幅来解释蝴蝶这个词代表的全部含义：虚荣、轻率、易变、轻浮。甚至连莎士比亚也这样说："人们都是像蝴蝶一样，只会向炙手可热的夏天蹁跹起舞……"[1]

随之而来的是黄缘蛱蝶。或许稍早一些，在2月，最迟在3月，蛱蝶就已做好准备伸展翅膀。今年是在2月，格外温暖的一天，我蹬着自行车，骑行在还没有完全融化的雪地上。这时，咔！我撞上了春天的第一只蛱蝶。它一定才刚刚从冬眠中苏醒过来。几分钟之后，它的翅膀彻底被2月的阳光焐暖了。这个小东西可能躲开了碰撞，但身体还沾染着沉眠的余韵，带动运作的齿轮和铰链仍

1　节选自莎士比亚的戏剧《特洛伊罗斯与克瑞西达》（*Troilus and Cressida*）。

然僵硬。它大摇大摆地凭空出现在我的前方。我感觉到它易碎的鳞片刷在我的脸上，如同云母般脆弱，深棕色，边缘是明亮的黄色，点缀着暗蓝色的斑点。这对翅膀有8厘米宽。2月中旬，这样精致的小东西是从哪里来的？

黄缘蛱蝶是新英格兰最常见的过冬的成虫。其他物种只能在幼虫阶段，或是把自己紧紧地裹在茧里过冬，而成虫会移居到更温暖的地方去。但黄缘蛱蝶并非如此。风雪来临的时候，蛱蝶会寻找一棵中空的大树，或是一丛衰落的叶子，像熊一样在里面冬眠。只不过它没有温暖的绒毛，也没有厚厚的脂肪层。这只单薄脆弱的小东西，能在冷酷致命的寒冬中幸存下来，我总觉得是个奇迹。但每一年，在第一个温暖的春日，也许是在冰雪开始消融的2月，黄缘蛱蝶就会挥动着棕黑色与黄色相间的翅膀飘飘而出。在其他昆虫还缩在卵里尚未孵化的时候，蛱蝶已经在呼吸着春日的甜美气息了。

这就是隐喻。美丽是脆弱的吗？生命是短暂的吗？根本不是。恰恰相反，它坚强，它不可磨灭，它生生不息。黄缘蛱蝶一直在证明这一点。

※

我必须说，在我的手册上写道，新英格兰的整个冬天，黄缘蛱蝶都在冬眠，可我从来没发现过冬眠中的蛱蝶的成虫。但是，我见识过这种无与伦比的昆虫的其他阶段。蛱蝶在榆树、柳树和杨树的小树枝上孵化。它的幼虫是身上覆着丝绒般黑色绒毛的柔软毛虫，嵌着红白色的斑点。它用褐色的胶状物质把自己蜷成一个蛹，顶端的茧尖用红色装饰。成熟的黄缘蛱蝶在夏末从蛹中钻出来，以花粉和花蜜为食，直到冬天来临，进入冬眠。当蛱蝶在2月或3月醒来的时候，它们就又能发现花粉和花蜜。这也是奇迹的一部分。

在英格兰，黄缘蛱蝶是来自欧洲大陆的稀有移民，被称作坎伯威尔的美人。在欧洲大陆，同样地，蛱蝶也会宣告春天的到来。我不会忘记纳博科夫在自传中写下的一段可爱词句，他在回忆自己1916年春天发生在圣彼得堡的第一段青涩的恋爱时说道："坎伯威尔的美人，浪漫如旧，晒干它青肿的翅膀，它们的边缘因冬眠而苍白，就在亚历山德罗夫斯基花园的长椅的背后。"圣彼得堡的冬天肯定比新英格兰的冬天更难熬。然而，蛱蝶在那里还是幸存下来，睡在中空的大树里，薄如纸张的翅膀勇敢地折叠起来抵抗严寒，之后以某种方式奇迹般地在春日的温暖阳光第一次重回大地的时候复苏，再度在公园里嬉戏，一瞥夏天的美丽。

黄缘蛱蝶的忍耐力，就是衡量物质多样性的证据。蛱蝶留在柳树枝上的虫卵，要孵化为幼虫，靠的是包裹在DNA螺旋之外的蛋白质抵御恶劣环境。季节变化让虫卵重新活跃，来自柳树枝和空气里的原子成了组成毛毛虫结构的原料，其中主要是碳、氧和氢原子，也包含少许氮、磷和铁原子，还有其他任何必需的元素。这些原子在这里或那里黏合在一起，组合成发育中的蠕虫所需要的一切:形状、身体、结构和恰当的电平衡。在这之后，在蛹的内部，所有相同的原子重新洗牌，它们仍然受到DNA的指引，改变身体结构，组成蝴蝶的成虫。一些组成蝴蝶身体的原子，随着产卵离开了原本的身体，成为下一代蝴蝶的一部分。而当成虫死去的时候，组成它的原子最终会渗入地下成为其他生物的组成部分，或是被土壤与石头吸收掉。

如果能追踪一个碳原子就太棒了，就像鸟类学家在某只鸟身上捆绑某种微型发射器，让我们可以追踪它的旅程。碳原子，是我们已知的最稳固的物质（前提是碳元素不以碳-14那样的放射性形式存在）。每个碳原子一旦存在就会一直存在。地壳中的碳原子在地球形成之前就是太空中尘埃星云的一部分。地球表面的碳原子就像朝圣者或吉卜赛人一样四处漫游，钻进岩石，跃入海洋，浮上空气，融入生物的身体。它不拘一格，可以和任何东西结盟。有时候，它会加入两个氧原子的团队，以CO_2的身份穿街过巷。或者，它会结合蛱蝶蛋白质中更大量的氮、氢和氧。再或者，它可能坚持以某种自身固定的排列形态存在，形成一颗钻石或一块石墨。如果我们标记它、监视它，会发现它始终在发出微小的信号，宣告着自己当下的位置。

想一想，原子如风一般舞动着拂过世间万物。事物流逝变迁的背后是事物的永恒。赫拉克利特说："一切皆流，无物常驻。"黄缘蛱蝶的身体就像一条河。你不能踏进同一条河两次。我们生活的世界是燃烧的烈焰，我们在其中烧灼，我们一直沐浴在火焰里。蛱蝶的燃烧就像是安慰的语言，向季节致敬。岩石一直在经受火焰缓慢、持续的炙烤。如果我们能看到灌木丛上跳跃的火焰，与摩西所看到的相同；如果我们能看到每一棵树都无时无刻不在经受着烧灼，所有的枝干都包裹着火焰；如果我们能看见风，看见河，看见原子不断地流动，我们会惊奇于任何事物都会持续下去。赫拉克利特说：“物质善于隐藏自己的真实构成。”诗人玛丽安·穆尔也说道：“可见的力量是不可见的。”“房子、星星、沙漠，”飞行员对小王子重复道，“真正使它们美丽的东西，是看不到的。”哲学家、诗人、物理学家和神秘主义者的老生常谈如同刺在他们耳朵上的文身：黄缘蛱蝶的力量，它的美的适应能力，让它坚韧的原因，让它那优雅火焰无可摧毁的根源，是那些不可能看得见的东西。地球的表面在燃烧着，这火焰只是一种肉眼无法可见的持久物的传递。氢、碳、氧、铁，这些真正重要的东西，是不可简化的、永恒的、隐藏的财富。这些就是火焰的元素。

※

今天早上，我看到燃烧着的天空，看到太空中恒星之间流动着的物质。我在黎明前起床，捕捉到了夏天东方夜空中的星座。织女星、天津四和牛郎星出现在未明的天际。一时心血来潮，我取出望远镜，开始寻找微弱的光芒。首先，我找到了天琴座的环状星云。在我的望远镜里，这个星云看上去就像一个微小的烟圈，灰暗、朦胧。我没有费心给望远镜接上电动马达，所以电机还不能补偿地球的自转。在地球迎着太阳向东转动的时候，环状星云飘过了我的目镜的视野，被强化了的烟圈形象在太空中游荡。环状星云是行星状星云,在夜空中呈盘状，样子模糊，早期的观测者习惯把它们想象成行星的圆盘。但是，环状星云的距离比行星远得多，有1500光年。这是一颗垂死的恒星吹出的气泡。在我的望远镜中无法看到那颗恒星脱离尘埃外层的裸露核心，但是用更大的天文台望远镜拍摄的照片可以向我们展露出恒星被包裹在气泡中心的样子，就像是躲在明亮的茧里的蝴蝶幼虫。

这就是恒星死去的方式。所有活着的恒星都会散落物质，就连此刻的太阳，都正在将自己物质的光环吹向太空，这种缥缈的物质流被称作太阳风。当引力让星云坍缩为致密的球体时，恒星就会从空间中的气体和尘埃之间脱胎而出。而恒星，自它们诞生的第一天起，就又开始把气体和尘埃返还到空间中。50亿年来，太阳燃烧的同时呼出一丝微弱的气息，呼出一束物质流。地球就沐浴在这样的物质流中，原子和亚原子粒子的太阳风为地球的大气层提供了能量，点燃了极光。这整个过程，也仅让太阳损失了原始质量的一小部分。但是在恒星生命的最后，往往会加速向空间进行物质返还，特别是如果恒星的尺寸很大，推出的物质就会更多。随着维持恒星燃烧的核燃料耗尽，恒星会进入一个不稳定的阶段。重力向下压碎恒星的核心，热核反应使它膨胀，打破平衡，最终它不得不吹走自己的外层物质。1万多年前，1500光年远的一颗恒星抽搐起来，吹出了环状星云。再过5万年，我们在宇宙空间中看到的气泡将继续扩张弥漫，以至于再也无法被观测到。到那时，来自天琴座垂死恒星的烟圈，将消散为布满星际的介质。

※

我把望远镜从天琴座的环状星云上转开，向下望向地平线，寻找狐狸座的哑铃星云。书上说哑铃星云比环状星云更亮，但我想找到它总是很费劲。就比如今天早上，这项任务因为黎明的曙光即将降临而更加困难了。这个星云的名字源于它的形状，“两团模糊的物质彼此连接”，但今天早上，我没法看到比一个萦绕着苍白光芒的昏暗椭圆形更清晰的东西了。我无法用14英寸望远镜看清它。但书上说，在哑铃星云的中心有两颗恒星，组成一个双星系统。就我所知，目前还没有人能确定究竟是这两颗恒星中的哪一颗推出的物质形成了哑铃星云。其中一颗恒星，经受了临终的痉挛，吹出了它的表层物质。星云里的物质只是原恒星质量的一小部分。这颗恒星失去的只是它的外层，就像一只蝉蜕下了它的甲壳。

靠近地平线的天空逐渐明亮，哑铃星云褪去光辉。我把望远镜重新滑向天琴座的环状星云，可几乎同时，环状星云也隐匿在旭日的晨光里。环状星云中的物质总质量，经过计算，大约是太阳总质量的10%。它的成分比例可以通过光谱来确定。在这些物质中，每1700万个氢原子，就有100万个氦原子、1万个氧原子、5000个氮原子、1500个氖原子、900个硫原子、130个氩原子、34个氯原子和4个氟原子。其中当然也存在着碳，以及被揭露的真相。

行星状星云中这些重于氢的元素的相对丰度明显超过了周围的星际空间。例如，相对于氢元素含量，行星状星云中的氮元素含量是星云的前身恒星诞生的星系云的10倍。天文学家觉得他们知道原因所在。当恒星燃烧的时候，它们把氢转化为氦，接着把氦转化为碳，然后是氧，再然后是氮，最终成为铁。这个过程被称作热核聚变反应，与氢弹爆炸的过程完全一致。在恒星核心发生的原子核剧变的过程中，被融合的核心的一小部分质量转化成了纯粹的能量。正是这部分能量，让恒星能够发光发热。恒星的燃烧，就是用较轻的元素重建出较重元素的过程。这些重塑出的沉重元素会乘着和缓的星风，或是更剧烈些的、行星状星云膨胀出的泡泡回归太空。有时恒星将物质剥离自己的这个过程不光要经历痉挛的阵痛，还会造成灾难性的后果——如果它们作为超新星爆炸了的话。恒星在燃烧的时候产生元素。在恒星核心的工厂里，引力让重元素挤在一起。这件作品足够让雕刻大师切里尼嫉妒，它比珠宝巨匠法贝热为沙皇制造的宝物更令人陶醉。氧原子，因外层的6枚电子而闪闪发光，在化合、燃烧、生锈、腐蚀和创造的过程中恣意释放它的怒火，地球上没有别的原子比它更常见。碳，这位魔法师，现在成了黑骑士，时而身着低调内敛的墨色，时而化身钻石张扬闪耀。它是组成蝴蝶、尼龙、汽油、鞋擦、炸药和农药的骨干成分。铁，工业的象征，地球的核心，夜晚的飞行者，因纽特人用天上掉下来的铁陨石制造工具。钯、锆、镝、钆、镨，这些罕见的旅行者散落在超新星的遗骸中，它们散布于星系，就像从国王的马车里撒出的大把钞票一样。

太阳诞生之前，百代恒星在银河系中诞生、消亡，将原始的氢转变成未来行星诞生所需要的材料。今天早上，在环状星云和哑铃星云中，我见到了宇宙抛撒的钞票。就在今天早上,我看见两颗恒星把英国便士变为美元，再把美元变成镶嵌了金边的证书。一个碳原子，就是一张值得拥有的证书。环状星云和哑铃星云抛撒这些证书，就像狂欢节上的人群挥扬五彩碎纸屑一样毫不吝啬。

※

除了氢和一部分氦，地球上的每一个原子，都是由恒星炙热的核心或是恒星到达生命终点所伴随的剧烈痉挛制造的。我写字用的铅笔中石墨的每一个碳原子，都贴着“金牛座制造”或者“猎户座制造”的标签。宇宙在燃烧。原子流出恒星，穿越星系，现在，它们是猎户座马头星云中的尘埃，或已经成为一颗新行星的地壳，就像货币流通，就像棒球手传球。原子穿过黄缘蛱蝶的身体，在每一次呼吸之间，只做短暂的停留。整个地球的表面，每一秒钟，都像蛹中的蛱蝶一样，正在重新组织成新的形式。赫拉克利特说：“太阳每天都是崭新的。”

他的哲学表述也许只是字面的意思?“雷电驱动万物。”他说,宇宙激情燃烧着,适度点燃,适度熄灭。走进一条河,烧起一只脚。走进同一条河,再次烧起同一只脚。可既不会是同一条河,也不会是同一只脚。

英国作家黎里相信,鸵鸟消化硬铁以维持自己的健康。黄缘蛱蝶消化硬铁,留在肚子里的是美丽。百亿年之前,美丽从恒星中飞出来。可见的力量是不可见的。恒星像烟圈一样膨胀起来,比如哑铃星云,我们看不见真正重要的东西。真正重要的东西,是隐藏在星云的面纱后面的过程,是暗自发生在黄缘蛱蝶胶质的蛹里面的事情。蛱蝶的蛹就是一座圣城,由金色的芦苇包围。圣城的第一层地基是玉石,第二层是蓝宝石,第三层是玛瑙,第四层是翡翠,第五层是红条纹玛瑙,第六层是红玉髓,第七层是橄榄石,第八层是绿宝石,第九层是黄玉,第十层是绿玉髓,第十一层是红锆石,第十二层是紫晶。蝴蝶翩翩滑入圣城,换下了自己的斗篷。它的蝶蛹是黄金。它就是星尘。

9

脚下红尘滚滚的平原

一个晴朗的秋日，我带领一队握着野花的学生从莫拉·泰瑞尔的植物课堂走到他们的实验室。我知道他们要在那里做什么。他们会打开布里顿和布朗所著的《新植物图志》。他们会在显微镜的照明台上打开带去的花束。他们会轻点花蕊和萼片，检查花冠的颜色，打开子房的缝隙。他们会素描植物的形态。这些花是属于穗状花序、总状花序、圆锥花序、伞形花序、伞房花序，还是聚伞花序？这些叶子是深裂的、浅裂的、齿状的，还是完整的？它们是对生的、互生的，还是掌形的？叶柄是有茎的、无茎的、抱茎的，还是贯穿的？就在学生们爬上小山走向实验室的时候，他们仍抓紧时间从路边采摘更多的植物——菊苣、紫菀和假黄精。我小心地跟着他们，不免心生羡慕。

博物学家约翰·缪尔说，他生命中所经历的两次最伟大的时刻，分别是他和拉尔夫·沃尔多·爱默生[1]在约塞米蒂国家公园露营的时候，以及他独自在加拿大的沼泽中找到稀有的布袋兰的时候。我第一次来新英格兰是

1 拉尔夫·沃尔多·爱默生（Ralph Waldo Emerson，1803—1882），美国思想家、文学家、诗人。确立美国文化精神的代表人物。代表作《论文集》。爱默生与梭罗是友人关系。

20年前，布袋兰的近亲，粉色的兜兰似乎也是稀有物种。记得我第一次遇到它，是在树林深处的水塘边上。我从来没在树林里见过这样的植物：绚丽、沉重，充满热带气息，就像温室的逃犯。我被它迷住了。我坐在它旁边的草地上，想弄明白这株植物为什么令我心潮澎湃。

我后来才知道，兜兰并没有我想象中那么稀有。在我对这片土地有了更多了解的时候，我学会了该去什么地方找到它们。毕竟在那些日子里，我在树林里偶然遇到兜兰，虽然不能和与爱默生一起露营这样的重要经历相提并论，但这曾经对我来说也一样是值得回忆的体验。现在，20年之后，兜兰在这一带已经变得非常常见。6月初，只要走进森林，就不断有生机勃勃的植物从你脚下冒出来。夏天里的绿色没什么可稀罕的，梭罗说。在现在的新环境中，兜兰就如同一袋硬币中的单独一枚一样毫不起眼。我们当地的大部分野花，都和夏天里的绿色一样没什么价值。山芥、秋麒麟草、紫菀、烟管头草，它们总是数量惊人。但这里也有一些野生植物特别稀有，足以让我为它们驻足。我曾经发现过一株孤独的耧斗菜，在那之后我再也没有见过第二株。我只知道一两个地方生长着这种高贵的鲜红色花朵。在断断续续的小河河床上，这种小花躲避着采集者的眼睛。去年，我找到了一种可能是从其他星球坠落在地球上的生命：一株白色的兜兰，雪白无瑕，独自在松树林中绽放，周围众星拱月般围绕着上万株它的粉色表亲。

我的彼得森野外花卉手册承认白色兜兰相当稀有，而且是一种本土花卉。相当稀有！本土花卉！这种独一无二的白色小花，是被选中的新娘，是神圣的羔羊。布里顿和布朗的书上提到的任何情况都没能让我为这个令人兴奋战栗的发现做好准备。这个季节，我回到同一个地方，白色的兜兰再次出现在我眼前，在树林下的荒草中，在上万株的粉色兜兰身边，奇迹般地复活了。在新几内亚的某些部落的语言中，只有两个基础的表示颜色的词语，粗略地翻译过来的意思大概就是“黑”和“白”。有这样两个词就足够了。我的兜兰是白色的。宇宙中的其余部分都是黑色的。星系和恒星被创造出来，孕育了这棵小小的植物。恒星燃烧，锻造出原子。14世纪的神学家埃克哈特大师这样写道：

“大地不能逃离天空，

让它上下躲闪，

天空流进，使它丰饶，不求回报。

神也这样对待世人，

要逃离的只会回到他的胸怀。”

※

在我们的地球表面，现在至少存在300万甚至1000万个物种。历史上曾经存在的物种数量比这个数字还要大得多，但它们大都已经灭绝了。在一颗称得上是穷乡僻壤的恒星附近的一颗小小行星上，能存在这么多物种算得上硕果累累了。除此之外，对宇宙与地球的生物多样性相匹配方面的知识我们还一无所知。物理学家发现了几十种基本粒子和92种自然存在的元素。天文学家将少于20种类别的星系进行系统编目，恒星被细分为不超过100种类型。而在这个起伏、颠簸、悸动的地球表面，却存在着1000万种各自独立、可供分辨的生命形式。根本没有足够多活着的生物学家来解释这一切。植物学家的理论可以对白色兜兰进行更精确的分类：植物界，被子植物门，单子叶植物纲，兰目，兰科，兜兰属，兜兰种。但即使是如此细致的划分也不够好，这种冗长枯燥的植物分类术语，也可以应用于更常见的粉色兜兰。那么如此躁动的宇宙又是什么类型呢？当成千上万的粉色兜兰不断占据更多的地盘，什么样的宇宙还会为一株孤零零的白色兜兰留出一席之地？这个问题太过庞大了，可能是我们将要提出的最宏大的问题。

宇宙学家和物理学家越来越频繁地思考着相同的问题，他们也确实有理由这样做。因为我们对自己生活的这个独一无二的宇宙了解得越多，就越会觉得我们生存在这里是那么不可思议。考虑一下这些巧合：如果决定了原子直接的相互作用的所谓的宇宙精细常数的数值和现在的已知结果略有不同，那么恒星要么会燃烧得过于迅速，要么根本不会燃烧，永远保持寒冷和黑暗。这个常数的数值处在精确的平衡中，就像一枚立在桌子上的硬币一样，使相当数量的恒星能以稳定的光线燃烧几十亿年，从而温暖和滋养邻近行星上的生命，其中就包括我们的太阳。如果控制核力的强相互作用常数与现在相比仅增大2%，夸克就不可能组合形成质子，也就不会存在我们熟知的那些元素。如果这个常数的数值比现在小百分之几，那么比氦元素更重的那些元素的核心都会不稳定，由岩石和铁组成的行星就都不会形成，碳基生物也无法存在。如果引力常数与其观测值略有出入，或增或减，恒星就不能散发出持续时间足够长的光来推进附近行星上的生命进化。如果大爆炸之后的1秒钟内，宇宙密度及其膨胀速率的比值与我们假设的值有极细微的差异，比如仅仅是小数点后面15个零再写一个1的差值，那么宇宙就会迅速塌缩，或者急剧膨胀，原初的物质就无法凝缩成恒星和星系。

我的白色兜兰显然存在，这一事实严重限制了物理学基本常数的取值。除非决定自然定律的常数具有某些特别精确且显然无端的数值，否则这棵植物不会存在于你我的视野里。恒星闪耀的事实，也许只是从可能存在的无穷多个想象中的宇宙中选择出了我们现实中的这个。硬币被抛到空中，用它的边缘立在桌上。如同你我一样，宇宙学家对此也感到困惑。他们把这种看似不可能的宇宙巧合，归结为一种原理，即所谓的“人择宇宙学原理”。这个原理指出，既然只有人类可以观测到的这个宇宙具备这些巧合的物理量，允许生命的出现和进化，那么我们生活的这个宇宙就必然具备这些物理特质。物理学常数的巧合就是为了我们的利益而奇迹般设计出来的，因为是我们在这里观测它们，否则它们就不会是这样。

布莱克说，一沙一世界，一花一天堂。他是对的。沙粒中的硅和氧，花朵中的碳，它们各自能存在靠的是将宇宙结合在一起的精确作用力。在恒星的中心，3个氦原子相结合就会形成碳元素。稍稍调整电磁力或核力的强度，就能从碳原子的核心中敲出不一致的共振，阻止氦元素的合成，在恒星燃烧的10亿年里也就不可能产生足够的硅和氧，以至无法制造出任何一粒沙子。不，硬币不会在落下时恰巧靠它的边缘立住，情况要比这不可思议得多：硬币在空气中翻转了10^{15}次，却在落下来试图以边缘立住的时候一次成功。如果地球上所有沙滩上的每一粒沙都是可能的宇宙，即宇宙始终遵循着我们所了解的物理定律，那么其中只有一粒沙子是允许智慧生命存在的宇宙，只有一粒沙子是我们所生活的宇宙。

有人会为这些信息欢呼雀跃，他们会说："啊哈！你看，物理学家已经证明了上帝的存在。"我要说："没有的事。"物理学家什么都没有证明。他们只是观测到了这个极不可能存在的宇宙的存在，这是我们唯一能观测到的宇宙。如果这是一个使我们受到束缚的谜团，那就如此吧。如果你愿意，我会用来自祖先的古老语言来赞美这种不可能性，我会敲锣打鼓制造出欢乐的声音，我会奉献松树林中的白色花朵作为圣洁祭品。但是，我永远也不会相信在这种古老的语言中包含着关于无限宇宙的新的知识。物理学家所发现的事实，与沙石上的隐修者和菩提树下的佛陀心中的神秘同样辉煌、同样绝妙。物理学家已经掌握的知识丰富并深化了这些庄严尊贵的神秘，并非对其证明，也非将其否认。

※

第一眼看上去，宇宙的确就像是完全被设计成为了符合我们的利益而存在。但还有另一种方式看待宇宙。一位量子物理学家，当他将研究重点转向关于宇宙大爆炸的物理学理论时告诉我们，那些方程式允许多重宇宙的存在，在某种超空间和超时间的软木塞子拔出之后，就像冒出的泡泡一样，无穷多个宇宙喷薄而出，每个宇宙中的物理常数和条件都随机取值。我们已知的这个宇宙，这个沙砾和白色花朵的宇宙，是唯一一种允许形成我们这类物质和我们这类恒星的宇宙。这是连续扔 10^{15} 次硬币才能获得一次的机会，我们的夜晚就是 10^{15} 个夜晚中的一个。有些宇宙填满了恒星，有些永远黑暗，除了这一个，其他的宇宙我们永远都无法了解。你看艾伦·麦克罗伯特在《天空和望远镜》杂志上写下的段落：

*50*年后，经历过星系初生的大爆炸的宇宙，看起来似乎收缩了一点，显得拥挤。我们似乎正在接近下一个步骤。我们今天仅仅是试图透过一扇敞开的门勘探无边无际的宇宙全貌，或大或小，或熟悉或陌生，数不清的绚烂缤纷。我们所面临的实际问题是，我们没有完全合适的物理学。只能说，这是一种象征，意味着我们此刻正站在科学的前沿，未来一代又一代人会继续扩展我们探索的边界，会得到我们意想不到的结果。

我该怎么理解这件事呢？宇宙是巨大的香槟酒嗞嗞喷涌的气泡！我可能永远也不会习惯接受这件事。一个星光灿烂的夜晚就足以让我头晕目眩。一朵白色的兰花就可以让我屏住呼吸。如果上帝真实存在，如果包含星系的宇宙只是一朵太空泡沫，我该说些什么？夜晚，我的兜兰甚至也成了黑色。我是黑暗的朝圣者。就像诗人罗特克所说："我俯视着远处的光芒，我注视着树的黑暗一面，脚下红尘滚滚的平原，再看一眼，我就迷失在夜晚。"[1]

1　节选自罗特克的诗歌《在夜晚的空气中》（*In Evening Air*）。

※

今天的报纸上说，哥伦比亚号航天飞机将于下午4点47分经过我们这片区域，也就是在太阳刚落下的时候。4点45分，我走进院子，想试着在天空中找到点什么。航天飞机严格执行了时刻表，出现在天空的西北方向，像外科手术的解剖刀一样精确地划到东方。它像金星一样明亮，看起来就像一颗在古老轨道上松散移过的行星。当我沉默地站在院子里观看遥远的飞行器把天空割出一个清晰的切口时，突然间夜幕降临，鸟群飞舞。一大群加拿大雁从水塘往我房子的北面飞，然后盘旋向南，喧嚣着打破了黄昏的宁静。它们唰唰地拍打着翅膀，有节奏地敲击着夜空，用它们的嘶哑嗓音嘲笑着天空中的群星。40或者50只加拿大雁，排成参差不齐的“V”字形队列，维持在我头顶上方不足30米的距离。它们拍打着、鸣叫着，在惹人烦躁的聒噪声中飞向南方，发出的噪声已经倾覆了杰里科的河床。我从来没想过去看看航天飞机究竟会从视线里的哪个位置出现。

地球表面随着生命流动。我注意到的所有地方都有生命的印记。我睁开双眼，夜空遍布鸟群。我放任听觉，翅膀的拍打声在我耳畔鼓动。这是怎样的肆意挥霍？在我的书架上有一本马古利斯和施瓦兹编著的《地球生命门类指南》，270页的著作为所有的生命大胆地进行了分类。你和我、野生加拿大雁以及其他所有长了脑子和脊椎的动物，45000种，在这本书上只占据4页纸的篇幅——第236至239页。而兜兰和其他所有开花植物，23万种，只有3页内容——第268至270页。我真没想到，这本书上我认识的物种就没有几个。太多的生命太过渺小，不用显微镜根本看不见。还有很多生物的栖息地我从来都没有去过。我翻开一块石头，1000只动物慌忙逃窜到我的视野之外。我抓挠一下眼皮，就搅动得一个螨虫王国不得安宁。我每走一步路，都颠覆了一片微观世界的森林。我随意翻开这本书，看到第218页上面写的是：缓步动物门，缓慢移动，微粒尺寸的“水熊虫”。这里还给出了一幅电子显微镜制作的缓步类动物的照片，让人们可以理解为什么赫胥黎称这种动物叫“熊”。它们看起来就像熊，运动起来也像熊，只不过体积只是真正的熊的万分之一。缓步类动物可以在高至150摄氏度、低至零下270摄氏度的环境里存活。它们生活在北极，在热带地区，在蕨类植物的森林里，在温泉里。它们能自行脱水烘干，把自已变成桶状，这个行为被称为“桶化”，因为这时它们看起来就像葡萄酒桶一样。在这个状态下，它们能存活100年。它们可以承受住比足以杀死人类的辐射水平强大1000倍的辐射。这种生物的整个族群都是无法用肉眼看见的。它们用极细微的熊掌攀过地衣，它们把自己堆放在植物根部的黑暗酒窖里，假装自己是装着陈酿美酒的酒桶。如果事实真是如此，在这个吵闹的夜晚，在所有宇宙的合奏中，这些加拿大雁的扑腾吵嚷只是其中之一，那么我是否应该感到惊讶？这太令人难以置信了，为了确保1个、2个或者100个物理参数的随机起伏能够正确地、精确地组合，产生一片松树林里有着一朵小白花的宇宙，大自然会创造出无数个宇宙。但是那么多个宇宙注定无法被看到，因为它们当中缺乏有认知能力的生物。如果地球上存在1000万个物种才能确保其中有一种生物具备认知能力，如果1000亿个星系的存在才能确保其中有1000个行星进化出生命，那么为什么不会有10万亿个宇宙同时存在？确实，为什么不呢！加拿大雁的拍打和鸣叫，在几个小时之后，依然扰乱着夜晚的安宁。

10

隐藏的物质

在8月英仙座流星雨的鼎盛之夜，我和儿子幕天席地而睡。那天夜里异常晴朗，我们远离了城市刺眼的灯光和恼人的阴霾。流星划破恒星闪烁的苍穹背景，看上去似乎夜色才是点缀。我们头上的银河，从北边的仙后座延伸到南边的人马座，连成一道拱形。它是昏暗的光河，是发光的帷幔，是黑色天鹅绒上点缀的钻石尘埃。时光流逝，恒星西垂，我们几乎能感觉到自己正在银河系的明亮旋涡中旋转。

对所有古代文明来说，银河，这条繁星之路，是一座桥梁、一条道路，或是一条河流。天文学家小罗伯特·伯纳姆[1]认为，这些形象紧密联系着人类的生活观念，是两个世界之间的旅途或巡游——“生活是一座桥，”禅宗大师说，“在它上面没有房子。”——宇宙自身无尽的旅程通往未知的终点。这种形象是一种有力而难忘的象征，仿佛让我们踏上了一段漫长的旅程，让我们感到身处群星之间就如同回到了家。

对银河的现代观点也同样令人难忘。我们的太阳是盘状结构上数千亿颗恒星中的一颗。这个圆盘有着10万

1　小罗伯特·伯纳姆（Robert Burnham Junior，1931—1993），美国天文学家，著有《伯纳姆天体手册》。

光年的直径。盘上的恒星聚集在几条旋涡状的旋臂上，围绕着中心旋转，就像一架风车。太阳距离这个中心3万光年，处在与太阳距中心同等距离位置的恒星，围绕银河系的中心转动一圈，需要2亿5000万年。恒星和恒星之间的空间撒满了尘埃和气体，它们是恒星诞生所需要的丰富材料。在银河盘的上下方分散着几十个由数百万恒星组成的球状集团，被称为“球状星团”。球状星团围绕着银河系运动，就像蜜蜂围绕蜂巢嗡嗡飞舞。

我过去经常在教室的地面上把一盒盐撒成旋涡状的样子，来建造一个银河系的模型。示范的效果很棒，给人留下了深刻的印象，但尺寸规模却是错误的。如果每粒盐都精确地代表一颗典型的恒星，那么盐粒和盐粒之间的距离应该有几千米远。一个数字和维度上相对精确的银河系模型需要耗费1万盒盐来撒在比地球截面更大的扁平圆圈上。在银河系的尺度上，我们的太阳系就只是风车中的一粒微尘，只是海水中旋转漂浮的一粒盐。就在那个夜晚，在那个我们看到了星尘的夜晚，我和儿子躺在敞开的夜空之下凝视着成千上万颗星。那是最棒的一个晚上。但我们所看到的全部的恒星都只是银河系中的一只旋臂上离我们最近的邻居。

夏天夜晚的银河在人马座方向最为明亮壮观。这一点暗示了那个方向是银河系的螺旋中心，聚集的恒星和星团最为密集。在银河系盘的中心平面上，尘埃和气体遮挡了我们的视线，藏匿着它的核心。但是射电和X射线望远镜可以穿透遮挡物，洞察强大的能量源，看到那个蓬勃跳动的怪物的心脏，俨然就是造物之初的暴虐景象。银河系的核心，就是超大尺度的不稳定地带，是宇宙承受痉挛的地方。或许也是在那里，正有无数个太阳被超大质量黑洞吞噬着。

※

1610年的冬天，当伽利略把他的望远镜指向银河的时候，他惊讶地发现这条苍白的光带可以被分解为大量的恒星。恒星不计其数，超过了肉眼的视力范围。我们将银河系盘上无数恒星的光汇集起来组成的光带看作环绕在我们天球上的明亮天河。不透明的尘埃和气体在盘的中心部分聚集，特别是在人马座的方向，阻挡了天河的流淌，留下黑暗的岛屿。古时候没有明亮的灯光，居住在更南纬度（靠近人马座的纬度）的人，更容易看到这条横亘夜空的璀璨光带。澳大利亚原住民看到过银河系中心黑暗区域中巨大的鸸鹋形象。我们现在称这个黑暗的深渊为煤袋星云，真是缺乏诗意。在秘鲁，说克丘亚语的印第安人发现在银河的间隙中存在几个暗星座，包括一只鸟、一只狐狸、一头小美洲驼、一只蟾蜍，还有一条巨蛇。西班牙征服者忽视了印加人描述的黑暗的星座形象，恒星暗淡的枯燥夜空没有引起欧洲人的兴趣，他们没心思考虑那到底是什么星座。欧洲人看到的是破碎的光线，印第安人看到的是有限的黑暗。欧洲人看到的银河是条道路，印第安人看到的却是藏匿着野兽的巢穴。

现在，印加人的黑暗野兽去而复返，企图在我们身边作祟。近年来，天文学家已经发现了之前银河系一直在我们面前遮掩不表的更大的那部分，就隐藏在印加人闪耀的小美洲驼和蟾蜍之间的黑暗区域里。

对氢原子的射电研究表明，银河系的银盘尺寸比我们认为的还要大一倍。氢云扩展到活跃的恒星形成区之外，在恒星组成的明亮星系的边缘围绕着气体组成的旋臂。四条海星触手般的旋臂伸展到星系空间中，使旋涡规模加倍。那里的物质太过稀薄，难以孕育新的恒星。

能证明银河系正在进行特殊延伸的另一项证据，来自简单的数星星的办法。现在，相片底片上的恒星可以利用计算机控制的扫描光束进行计数。这些新技术能让天文学家观测到比之前的可靠测定范围暗得多的恒星。他们发现在银河系的光盘上下覆盖着大量的低亮度的恒星，而过去这些地方被认为没有物质存在。银河系的旋臂显然被一个由暗星组成的蛋形光晕包裹着。

但是在对银河系的研究中，最令人吃惊的进展当数银河系的旋转动力学。对银河系外围部分的天体（亮星、恒星星团和分子气体云）的运动观测，已经可以使天文学家改进他们对银河系总质量的计算。这些天体的轨道运动遭受引力的控制，它们被引力束缚在围绕银河系中心的轨道上。所有位于这些天体和银河系中心之间的物质都提供了牵引它们的引力。通过观测这些遥远天体的移动速度，天文学家可以计算出束缚它们的总质量。这些计算的结果令人惊讶。它揭示出，银河系的质量至少比过去估计的高出30倍，不发光的物质只能通过它们自身的引力被人察觉。

怎么会有这么多的物质？银河系中97%的物质到现在都没有被探测到，它们就隐藏在黑暗中，就像印加人的星座避开了西班牙殖民者的注意。答案在于，这些新近发现的物质中一定包含着某些特殊的非辐射物质形式。所以它们不会是星星，我们可以看到星星在空中闪耀。它们也不会是星际气体或尘埃，气体和尘埃自身散播辐射，也会吸收来自遥远光源的光线，我们可以借此观测到它们。

那么，这种宇宙中隐藏的成分，这种占据全部物质构成的较大比例的暗物质，究竟是什么？它们是什么时候形成的？我曾经和一位朋友提到这些研究的进展。“宇宙中97%的物质，”我说，“是我们完全不了解的存在。”我的朋友回答：“也可能是最好的存在。”事实是，天文学家至今对这种把恒星束缚在银河系轨道上的“东西”完全没有了解。

可能，银河系的暗物质成分包括木星尺寸的天体。氢和氦形成的球体太小，所以不能点燃成为恒星。也可能暗物质中还包含一些我们仍不了解的天体类型，它们比尘埃的颗粒大，比最小的恒星小。或许，暗物质中还包括黑洞，也就是坍缩成致密天体的恒星，连光线都无法逃离它们的引力。

这些更常见的暗物质候选体遍布我们的星系。探索亚原子领域的物理学家已经提出过“暗物质”可能具有其他的形式：它们可能是中微子的囤积物，因为每一个中微子自身都带有难以察觉的微小的质量；或者是一种尚未被发现的引力微子、光微子或轴子的气态形式。这些粒子的质量是电子的100亿分之一，完全是假设中的实体，过于古怪离奇，偏离常规经验，没有人能了解它们，它们就像祭司王约翰的现代王国里的朝圣者一样徘徊不定，在无限大和无限小的世界里游走。就像18世纪哲学家鲁杰尔·博斯科维奇所说的原子——没有维度的粒子，却有着无限的影响力——这些银河中稀奇古怪的野兽或许正以一根难以言喻的奇妙线绳和宇宙绑在一起，如此捉摸不透。想要理解它，只能凭借我们的想象力，去拥抱整个时间和空间的结构。“你能系住昴星的结吗？”上帝在旋风中回答约伯[1]，“你能解开参星的带吗？”

※

这种被我们像扔渔网一样笼在恒星身上的无限大和无限小的联姻，究竟是什么？是神的宏伟蓝图的直觉，还是我们缥缈梦境的投影？人们总能在银河中见到自己

1　人物出自《圣经·旧约·约伯记》。

的梦境。对埃及人来说，银河是伊西斯播种的麦田；对因纽特人来说，银河是纯净积雪的瀑布；对布须曼人来说，银河是将熄营火的灰烬；对阿拉伯人来说，银河是奔腾不息的河流。

哈罗·沙普利[1]享年87岁。在他辞世前不久，曾到访我的学校。沙普利为我们建立了银河系的现代观念。他提出，银河系是千亿颗恒星组成的旋涡状薄饼，直径10万光年，条纹上缠绕着或暗或明的气体带。《波士顿周日广告》在1921年5月29日那一期的头条写道：哈佛天文学家发现，宇宙比之前大了1000倍。在那次访问中，这位羸弱的八旬老人为我们讲述了有关他的生活的故事，以及故事背后的意义。他的双眼依然明亮，白发斜梳。他穿越了银河系，只留下身后我们这些茫茫的地球人还在翘首等待。

沙普利做了一个了不起的梦。他的梦里包含所有可见的恒星。他的梦将宇宙放大了1000倍。现在，我们已经发现，可见的恒星只是所有存在的物质中的一小部分。银河系中大部分物质对我们来说都是不可见的，它们躲

1 哈罗·沙普利（Harlow Shapley，1885—1972），美国天文学家。曾提出银河系的中心不是太阳系，太阳系其实处在银河系的边缘。

在梦境边缘的黑暗中，束缚着、牵引着、塑造着、指引着——那隐藏在光海中巨大的海怪利维坦，或是长着铜管般骨头和铁板般软骨的骇人巨兽。如果在银河系中新发现的不发光物质在其他星系中也一样普遍（我们有理由这样相信），那么我们将不得不大幅增加对宇宙总质量的估计。根据广义相对论，正是宇宙的平均密度来决定宇宙是会永远膨胀，成为无尽的冰冷虚空，还是会重新收缩，恢复为创生时的炽热火球。银河系和其他星系中隐藏的物质可能会决定宇宙的最终命运。

※

在我和儿子观赏8月夜晚这场每年都会上演的流星雨的时候，我们所感知到的这一切，沿着银河流淌过我们的脊背。我们乘坐着旋转的地球围绕太阳运动。太阳裹挟在千亿颗恒星转动形成的旋风中，被神秘的暗物质封印其中。旋转，旋转，旋转，我们分享着一段连宇宙自身也不确定目的地的旅程。

11

水塘中的怪物

奥德修斯遭到了喀耳刻的警告。选这条路走，他将遭遇六头六口、每张嘴里都挤着密密麻麻三排尖牙的怪兽斯库拉。选另一条路走，他要通过每天吞吐海水三次、将大海搅出翻涌旋涡的海妖卡律布狄斯。大海像煮沸的大锅一样翻腾，她掀起滔天的巨浪，喷出的海雾犹如暴雨冲刷各个角落。当她吞咽咸海，整个旋涡从里到外都会被掀开，把海底的黑沙暴露在外。奥德修斯做出了他的选择。他驾船驶向斯库拉，在六头怪兽掳走他船上的六位勇士的时候，他发现自己已经幸运地趁着海怪休息的空当逃出生天。

18世纪卑尔根的蓬托皮丹主教在他的《挪威博物学》中这样描述：荷马笔下的斯库拉就是大海怪的意象。这样的考虑，减少了荷马故事中神话色彩的渲染，但古老的魔法依然能作用于主教大人的想象力，构思出宣告不祥的海洋巨怪。海怪的身躯如此宽阔庞大，蓬托皮丹主教坚称，当海怪在海面下穿行的时候，渔民会发现他们的渔船仿佛搁浅在一片不寻常的阴影浅滩上。这种生物起伏不定，它的身体裹满如同沼泽般浓厚的黏液，触角有船的桅杆那么长。如果海怪缠上最大的战舰，足以把它拉到海底。“怪物浮上海面短暂停留，”主教写道，“它开始再次缓慢下沉，随之而来的危险不比之前少，因为下沉的运动造成了海水涌起，如此而来的旋涡或激流能把一切物体拽向深渊。”

赫尔曼·梅尔维尔是一位有质疑精神的作家。他倾向于相信主教笔下怪物的灵感来自一只巨大的鱿鱼。在他的《白鲸》一书中，亚哈船长的“裴廓德号”上的捕鲸人遭遇了一只巨大的鱿鱼，却错把它当成了白鲸。以实玛利的报告令我们难忘：

我们简直顿时把有关大家伙的所有想法都给忘得干干净净，大家尽凝望着那神秘的海洋迄今为止所揭示于人类的最为奇妙的景象。一团巨大的软绵绵的浆状物，纵横有好几个弗隆[1]，闪着奶油色的光芒，漂浮在海面上。在它身体中央辐射出无数的长手臂，扭动卷曲，七缠八绕，活像一窝蟒蛇，横冲直撞地仿佛要把任何碰得到的倒霉东西捉住似的。既看不出它究竟有没有面目，又辨不清它是否有感观，但见一个神秘的、无定形的、凭空出现似的活幽灵在波涛间起伏。

1　弗隆，英国长度单位，1 弗隆等于 1/8 英里或 201.168 米。

水手们怕得发抖。除了以实玛利，所有人都在那天被卷入深渊，与怪物融为一体。

自古时候起，怪兽和旋涡就一直是神话和故事中的常驻角色。而且，正如你所期盼的那样，这些形象也被投射到了天空之上。猎户座的脚部有一个巨大的旋涡，就在明亮的恒星参宿七附近，被神祇赫耳墨斯·特里斯墨吉斯忒斯称为“死亡”，而新西兰的毛利人称之为“通往地狱的路”。就在星座之间的这个位置，波江座的河水流淌着，星光如同法厄同的水中坟墓，倾泻而下，一直到达南方地平线以下的世界。靠近河流的是鲸鱼座。这只鲸鱼，就是《白鲸》的主角在天空中的样子。古代神话中，波江座代表的大河与银河代表的天河经常被混淆。它们都是连接生者世界与亡者世界的通道，都有怪物驻守，都被说成是承受了法厄同的坠落的河流。在银河的例子中，科学和神话进行了奇妙的融合，我们已经发现，天上明亮的河流实际上是旋涡状的结构，而在那大旋涡的深处，如同古人猜测的那样，潜伏着恐怖的怪兽。

※

天文学家早已知道，银河系的中心是灾难的策源地。

这个星系核处于人马座的方向，人马座伴随着高能辐射的火花而燃烧：射电能量、X射线能量和紫外线能量。半个世纪以前，一位名叫卡尔·央斯基的年轻工程师建造了一架旋转的无线电天线，用来研究雷暴对短波通信的影响。他的天线探测到一些静电来自附近的和远方的风暴，还有一些信号源稳定且微弱，每天围绕我们的地平线完整旋转一圈。经过几年的持续观察，央斯基得出结论，这个微弱的无线电静电源位于人马座方向，比地球上的任何风暴都更遥远。它被固定在恒星间的空间中，远离自转着的地球。央斯基的天线是人类史上第一台射电望远镜。他对人马座无线电静电射电源的观测是射电天文学的开端。之后，更先进的射电望远镜被用来绘制银河系的旋臂图案。旋臂由恒星、尘埃和气体组成，因为其中的氢原子而活跃于微波波段。那些同样类型的射电望远镜窥探到了银河系的核心，那一定是个强大的射电辐射源。而辐射最强烈的核心，就位于旋臂的最中心处，被称为“人马座A*”。射电源隐藏在遮挡物中，一般的光学望远镜无法透过银河系旋臂上的尘埃和气体观测到它，但来自银河系中心的射电波可以轻松穿透这些障碍，就如同本地的调频广播信号穿过我家墙壁一样容易。以每秒数百万次的频率，栖身于旋涡星系核心的怪兽宣告着自己的存在。

最详细的银河系中心射电图是由甚大阵（VLA）射电望远镜制出的。VLA位于美国新墨西哥州靠近索科罗的沙漠中，由27面天线组成，排列成“Y”字形，范围延及方圆30千米。射电图像显示，三条S形的高热、带电气体正绕着银河系中心旋转。天文学家现在相信，这些强力的射电源是流入中央大质量黑洞的物质。黑洞是一种极其致密的天体，即使是光也不能逃离它的引力。银河系中心的黑洞质量相当于1亿个太阳的质量，却被压缩在比地球轨道还小的空间里。显然，银河系中心的黑洞还在持续增长，轻而易举地把恒星、尘埃和气体拉扯进它的势力范围。奥德修斯做梦也想不到比银河系中心的怪物更离奇的东西。致密黑暗的物质核心，超出我们的想象，正在吞食恒星，为自己果腹。

※

1983年秋季的一天，我走过本地的木板桥，那之下的溪流渐宽，拓成一处宽阔的暗色水塘。我经过一群年轻的垂钓者，他们正在往远处的水塘角落里释放钓线，脸上带着12岁男孩子青涩的自信。我停下来称赞他们熟练的技巧，也哀叹这里鱼儿的命运，而几个瘦小的年轻人只是面无表情、默不作声地站在桥面上。“钓得怎么样？”我问。他们脸上闪现出一瞬严肃的神情。他们忙于工作，而我打扰了他们。“这附近有一条40厘米长的鲈鱼。”其中一个男孩边说边把渔线往池塘的另一边放出去。我明白了。男孩们接连把鱼饵扔进可能隐藏着大鱼的阴影里。我往水里使劲盯着看，但除了黑色的池水什么也没看见。

每天下午我下班回家，都能在桥上看见这些男孩。每天下午我询问他们的时候，都会得到同样的答案：“大鱼还在那儿。”我佩服这些孩子的耐心与执着，但我更佩服的，是水里那个我还未曾谋面的带鳞生物。就像尼斯湖水怪或峡湾的海妖，大鲈鱼给水塘——甚至世界——增添了新的魅力。

每个黑黢黢的水塘里都应该有它自己的怪物。夜空的“水塘”也曾庇护着依附于它的各种怪兽：鲸鱼座、天龙座、天蝎座和长蛇座仍潜伏其中。几代人以来，我们一直在忙着除掉那些最后的、存在于谎言之下使人轻信的黑暗造物，比如匿身于挪威海域虚假阴影中的海妖。

现代的主教不会再像18世纪卑尔根主教对鱿鱼的描述那样，写下混合了客观科学与道德预警的文字。蓬托皮丹主教当年说，海妖花几个月吃东西，再花几个月排出粪便。在它排便的那几个月里，海平面总是污秽混浊。这些漂浮的排泄物的气味会吸引来鱼类。渔民如果这时赶来捕鱼，海怪就会张开触手，用密齿尖牙欢迎来访的宾客。

地球和天空中的黑暗池塘逐渐无法再庇护那些怪物，它们一只接一只地被科学这位猎魔人残忍捕杀。但是现在，伴随着一次令人好奇的回归，科学又给我们带回了天空中的怪物，比我们在梦中见过的任何一只都更加奇怪。银河系，黑夜中的旋涡池塘，在它的核心住着一只怪兽。在那可怕的涡流中，恒星和行星，气体和尘埃，都会被它的血盆大口吞下，被引力卷入一个幽暗深邃、无法逃离的地下世界，而后消失殆尽。就像池底的大鲈鱼，银河系心脏里的怪物让夜晚变得更加深沉阴暗。它对着星座念出咒语，施展魔法。

※

如果我们想了解银河系，最好的办法通常是看一看别的星系。我们无法看见银河系的全貌，因为我们身在其中。但如果我们超越银河系的扁平旋涡放开视野探寻，就能发现无数其他的星系，并且没有理由认为这些星系和我们自己的不同。我们知道，银河系的中心能产生巨大的能量，它是神秘离奇事件的发生地。能量的来源，据天文学家所说，是隐藏在恒星旋涡池塘中的大质量黑洞，就像淹没在旋涡里的海妖。我们的星系中心存在黑洞的最佳证据，来自银河系之外，来自位于猎犬座的名叫NGC 4151的星系。

NGC 4151是最明亮的塞弗特星系之一，这种稀少的高能星系类型于1943年被卡尔·塞弗特首次发现。天文学家们相信，塞弗特星系和遥远神秘的明亮类星体有关，至少这些奇怪的星系明亮的中心区域产生能量的机制和类星体相同。现在看起来，塞弗特星系中心的发动机，以及类星体的中心，很可能就是相当于太阳数亿倍质量的黑洞。那样的天体位于星系的中心，会吸引并吞食邻近的恒星、尘埃和气体。千百万个太阳，以及可能围绕它们运行的那些行星，都会旋转着被淹没在那个令人恐怖的水槽里，就像船只和水手掉进卡律布狄斯的口中。在劫难逃的那些太阳系和伴随着它们的气体云都被吸进旋涡，在其中被纺成一个扁平的“吸积盘”，一个由恒星、尘埃、气体组成的旋转环，在炽热的辐射能量下堆积、加热、流动，在落入黑洞的深渊之前绝望地挣扎。

一个由欧洲天文学家组成的团队已经获得了NGC 4151中心存在黑洞的有力证据。利用地球轨道卫星上的紫外望远镜，他们发现这个星系活跃的核心所散发出的光芒中存在碳和镁元素的辐射。光的特征波长被模糊了，大概是物质围绕黑洞的运动所造成的。从模糊的程度来看，这个团队能够计算出含有碳和镁的气体云的轨道运行速度。

在1979年的一系列观测中，NGC 4151的核心陡然耀发了。13天之后，碳的光芒耀发，这表明明亮的碳云距离旋转中心有着13天的距离。30天之后，镁光耀发，即富含镁元素的气体云距离旋转中心有30天路程。在已知距离和物质云的环绕速度的条件下，天文学家发现很容易就能计算出中心天体的尺寸和质量。在NGC 4151的中心，有一个比单个恒星大不了太多的天体，其质量相当于1亿个太阳。毫无疑问，具有这样的尺寸和质量的天体一定是黑洞。1亿个太阳，也许是1亿个和我们自己的太阳系类似的行星系统，已经打着旋儿落入宇宙的下水道。就像女巫喀耳刻警告的那样："上天让你远离那个地带，因为就连能撼动大地的至尊天神也不能把你从灾难中拯救出来。”

※

托尔金，中土世界的大师，他认为魔法和怪物的世界只是形容词的另一种视角。能思考出“轻”“重”“灰”“黄”“静止”“转动”这样的概念的思想，也能构思出让重物起飞、让铅变成黄金、让石头变成流水的魔法。相反地，20世纪的世界总体上来说是一个名词和动词的世界，是物体在时空中运动的世界，是缺少魔法的世界。我们所见即所得。

除了……在那个时候每天下午那些男孩都去垂钓的水塘里。从形容词中，我让我的思想虚构出巢穴里的大鲈鱼。它轻盈如悬浮水中的云，或是光滑如匍匐水底的卵石。它躲藏在梭鱼草灰色的阴影中，或是像折射的阳光映出亮黄色的光芒。它如同水中的月亮倒影静止无息，或是像水塘釉色表面上的陀螺旋转不停。形容词是想象力的造物。

距离太阳30000光年远，在银河系螺旋的中心，巨人的黑洞正一刻不停地忙着自己的事情。沉重、黑暗、静止的引力奇点坐落在黑暗的核心，吞食着光线、黄色的恒星、摇摆的天体。即便是容易轻信的蓬托皮丹主教也无法想象出这样的造物，1亿颗恒星被压缩成一个相当于地球轨道尺寸的球体。不，这是地球轨道尺寸的黑洞，空间体积永远被引力所掩盖。恒星，数亿颗恒星被挤压进地球尺寸的黑洞，棒球尺寸的黑洞，针尖尺寸的黑洞。密度终极无限，无法抗拒，最终创造出能将任何物质拉扯进无尽虚空的旋涡与激流。黑洞，白鲸，水塘中的怪物：想象永远不会离去。在梅尔维尔的道德寓言的恐怖结论中，大白鲸把整个宇宙都拉进如墨般漆黑的深渊。

立刻，惊呆的船员就站立起来，然后转身。“船呢？我的天哪，船在哪儿？”很快，他们通过昏暗的、迷蒙的雾气，看见她的褪色幻影，就像气态的海市蜃楼。只有桅杆的最上头一截露出水面。几个原本在高处的水手，现在正保持着一种安详的姿态往下沉。一个巨大的、以小船为圆心的旋涡形成了。仅存的一只小艇，所有的漂浮物，每一片浮桨，所有有生命的和没有生命的，都被卷挟其中。最终，所有的一切都被旋涡带走了，甚至连“裴廓德号”留下的肉眼不可见的细碎木渣也没能逃过一劫。

※

在温暖的秋夜，当银河系灰暗的环状光芒从仙后座一直绵延到人马座，我记得那只怪物就在这星系的核心。斯库拉和卡律布狄斯的魔法也没有物理学家的这个发现神奇，它的本质被射电天文学家用仪器设备揭示了出来：人马座A*，这个以太阳为食的黑洞，仍潜藏在夜晚的水塘里。

10月底，我终于在男孩们钓鱼的水塘里看见了那条大鲈鱼。我刚走到桥上的时候，它正好从一直晒太阳的睡莲附近猛冲出来。天气很冷，带着钓鱼竿的男孩们已经走了。轻的和重的，灰的和黄的，静止的和转动的。它又活过了一季。

12

夜晚的数字

“大多数人过着一种平静而绝望的生活。”梭罗说。如果他的书对我们有着持续的吸引力，那是因为我们正处在绝望中。在绝望中，我回到夜晚，就像梭罗回到他的湖边。我测量那些星际的空间，用的工具与这位康科德市的自然主义者测量瓦尔登湖用的绳索和棍棒一样。梭罗用铅垂线测量瓦尔登湖的深度，再把这些数据标在地图上。他搜寻生存在湖水里的鱼和水草,将其分类编目。他记录冬季里冰层的厚度。这些是他的资产账目的一部分，是对他的财富的记录，是对他从瓦尔登湖得到的财宝的清算。这些，如梭罗所说，测量、深度、厚度，是一个人真正的经济学。

黑夜就是我的湖水，我数着其中的星星。我可以看向窗外，在飞马座从现在开始升起1个小时之后，告诉你在这个星座的大四边形里我能看到多少颗星星。今夜我只能看见4颗。4颗，或者1颗也没有，或者20颗。或者在最棒的无月之夜，在这个大四边形中可以看见好多颗星——重要的是范围。飞马座的四边形在宇宙空间中圈出一个范围，围墙可能是数光年远的尺度或是彗星的尾迹。在梭罗的房子里能听得到康科德市的喧嚷，但他并不觉得拥挤。“这里已经有了一片足够大的牧场。”他说，运用他的想象力。瓦尔登湖对岸的矮橡树高原一直伸展到西部的大草原和鞑靼草场。他说，从他住的地方到康科德市的距离就像天文学家观测到的夜空那样遥远。他能想象出“仙后座的宝座”（我复述了他的原话）之外的那些罕至的迷人之地，但他发现，他在瓦尔登湖的房子出于位置的原因远离了城镇生活，就像仙后座群星远离了太阳。“那些闪闪的小光，那些柔美的光线，传给我最近的邻居，只有在没有月亮的夜间才能够看得到。”

今晚，我在飞马座四边形里只看见4颗星。而在整个夜空里随意散落着另外的400颗星。我占有了它们。我记录划过天空的流星；我测量星云的重量；我阻断银河，用它碾磨我的稻谷。我把夏天的群星像蔬菜一样装进罐头，以供我在冬天享用。我把冬天的群星折叠到阁楼的盒子里，让我在多云的夏季夜晚可以欣赏。我把繁星记录到账本里。我清点它们，就像一名会计或是出纳员。这就是经济学，这一切都值得。

※

梭罗对经济学特别感兴趣。他用会计师的心思做分类和测量。我们现在已经精确地知道了他建造房子所花费的成本：木板8美元3.5美分、瓦片4美元、木条1美元25美分。他花4美元买了1000块旧砖，花1美分买了粉笔。他的木屋的全部成本总计是28美元12.5美分，其中还有一部分是他在极不情愿的情况下支出的。他需要的不多，最重要的是从他家门口往外望时可以看到的大自然。他说，自己就算坐在南瓜上，也要比挤在天鹅绒垫子里强。

我在某处读到过，卡拉哈里沙漠的布须曼人族群中平均每人拥有11千克重的物质财产。我计算了一下自己的物资，除了房子以外，我能清点的物品总重量超过了4吨。这是生活中积累的沉重负担。这4吨物资的获取和维护，就是我绝望的来源。梭罗说，生活中的大部分奢侈品，以及许多所谓的舒适，不仅是可有可无的，还会对我们的生活造成阻碍。我没有天鹅绒垫子，但在我房子周围的阻碍已经足够多了。这些东西从我身上索取的多于它们给予我的，我必须随时承担它们的重量，无论我是否愿意。

如果我必须把我的物资削减到11千克，我会留下什么？我首先想到的是我的自行车——油亮、漆黑、机械性能完美——它是一件珍贵的财产，当然也是一个中年人可接受的装备。但是合金材料打造的自行车有12千克重，那上面也没有什么我能卸下来的零件。此外，冬天就要来了，自行车不能带着我穿过白雪皑皑的森林。那么，立体声收音机和一些我最喜欢的唱片怎么样？肖邦的夜曲，或者马勒的第一交响曲？但是，我发现这些东西的重量有17千克，况且配备的还是耳机而不是喇叭，对电器的需求仍然让人与世界维持关联。好吧，那么，我应该保留我的写字台吗？漂亮的桌面给予我很多愉悦的时光，却不求什么回报。但在写字台上得到的乐趣，离不开能看到冬季阳光穿透绿色植被流泻而出的、具有海湾景观的窗口，以及总是在我手边的一杯香气弥漫的现煮咖啡。再加上这些额外的东西就远远超过11千克的限制了。那我该如何选择呢？一条灯芯绒的裤子、几件厚毛衣、一双好靴子、一顶羊毛帽子、一个空白页的本子、一支钢笔、奥特威尔的《天文年历》、伊恩·里德帕斯的《诺顿星图手册》和梭罗的《瓦尔登湖》。我把所有这些东西打包好，它们只有不到10千克重。这就够了。

梭罗的朋友爱默生曾说："谁能了解地上的糖果和美德，了解水、了解植物、了解天空，还了解这些东西从何而来，那么他就是一个真正富有的、高贵的人。"当然，把我对减少生活负担的渴望，与布须曼人因穷困而被迫缺乏物资的情况放在一起比较，有些不负责任。而且，说实话，在我4吨重的物件当中，几乎没有什么是我甘心舍弃的。我没办法回到卡拉哈里沙漠，我也不渴望那样。所以，我要在我的物资当中增加来自天空的糖果和美德。我要收集恒星和星系，直到我的资产堆叠不住，颠覆倾倒。我会贪得无厌，直到没有哪一座皇家金库大到能装得下我的财富。

※

当伽利略把他的望远镜指向巨蟹座的“蜂巢”的时候，他数出了36颗星。那时他的财富明显增加了。当他对着猎户座腰带上的3颗星看，他的财富累积又得到了激增。当他用仪器观测银河的时候，他收获的星星不胜枚举。他在1610年1月的那几个寒冷的夜晚聚敛的财宝，连美第奇家族的金库都装不下。

对于伽利略的宝库，我将增加银河系的5000亿颗恒星，并且宣称它们归我所有。让我把这笔账记下来：500000000000颗恒星。我保守地估计，每颗恒星有6颗主要行星、几十颗卫星、1万颗小行星。那么，我有着5000000000000000个潜在的住宅用地，它们全都被我一人独占。室女座星团里的一个漂亮星系怎么样？室女座中有3000个可见的星系，经过天文学家仔细统计，每个星系都有着5000亿颗恒星。我可以优惠给你一个。

我犹豫不决，担心自己听起来就像埃克苏佩里笔下的小王子在328号小行星上遇到的那位商人，那位拥有星星的商人，或许也只是他自认为拥有了它们。他把自己所拥有的星星全都记录在纸上，准确地说，一共有501622731颗。在埃克苏佩里的刻画中，这位商人只是被我们嘲笑的对象，他痴迷于积累无用的财富。但我要说，有这么一本记满恒星的账本并非坏事。这比堆满天鹅绒靠垫的豪宅还要好。

小王子生活在一颗比房子大不了多少的行星上，上面有三座火山（两座活火山和一座死火山）、一枝玫瑰花，还有一些总重量肯定到不了11千克的财产。我很羡慕小王子那颗行星的尺寸。在同一天晚上，他只要挪挪椅子，就可以看到44次日落。可以看到44次日落的夜晚绝对值得拥有。我只曾在一个晚上看到3次日落，可那次经历已经让我感觉自己是个富有的人。第一次日落时，我坐在波士顿洛根机场准备起飞的飞机上。当飞机升到空中向北飞行，我瞥见太阳重新出现在地平线上，趁机目睹了第二次日落。飞机转向西边，追赶落日，我又看到已落下的太阳再次升起，垂在地平线上。飞机掉头向南飞向纽约，太阳第三次西沉。我在自己的账本上记录了这三次日落。

账本上还记录着另外一些珍贵的财富：1975年秋天天鹅座出现的一颗新星；1961年9月30日见到的无与伦比的极光；如同一道蛾眉的初生不过30个小时的新月；在粉蓝色黄昏里拖着尾巴划过天际的美丽威斯特彗星。我的账本里还包括关于日月食、掩星、星体相合、火流星的记录页。我贪婪地收集这些天象，把它们囤积起来。我还想收集其他宝藏，却没能如愿。许多年前，我在《科学美国人》上读到一篇关于绿光现象的文章，那是指太阳升起或落下的时候，太阳的上边缘出现的由大气折射而导致的一抹转瞬即逝的彩色条纹。要看见这种现象，需要一个完全平坦开阔的视野、清晰明朗的地平线以及足够好的运气。我不知道除了那篇文章的作者之外还有谁看见过绿光。但我经常去寻找它。每次在我发现自己身处海平面附近而且天气非常晴朗的时候，我都期盼着能有幸目睹绿光。但我至今还没能见过它一次。

※

有一天，我在学校走廊里遇到了一位朋友。我们手上都拿着一本大书：她拿着一本伊丽莎白时代的诗歌选集，而我手里是一卷《史密森星表》。“哦！星星！”她说道，“真好！”我翻开我的书，上面密密麻麻全是数字。纽约城市电话本那么大的一本书上，详细记录着96000颗恒星的坐标和特征，包括赤经、赤纬、自行、视向速度、光谱型、视星等和绝对星等、以秒差距为单位的距离。这位朋友明亮的双眼暗淡下去，她引用了诗人约翰·多恩的话：“悲伤的数量不能如此之多。”[1]

我这本《史密森星表》中的恒星，并不像我那位朋友渴望找到的那样闪耀夺目。它们不是小王子送给他的飞行员朋友的星，不是会像小铃铛和生锈的滑轮那样歌唱的星。诗人们会蔑视那位为星星编号的商人，他们更愿意接受闪耀着金属光泽的未经测量的夜空。他们更喜欢看到夜晚的星光仿佛大教堂里燃烧的蜡烛一般闪烁。大教堂里的烛台的确梦幻，但没有写满数字的星表，我们就无法接近这个由星系组成的宇宙。没有数字，我们就依然活在以地球为中心的伊丽莎白时代。数字，是让我们打破第七层天球并且得以一窥无限宇宙的途径。

1　节选自约翰·多恩（John Donne，1572—1631）的诗歌《三重傻瓜》（*The Triple Fool*），引自《英国玄学诗鼻祖约翰·多恩诗集》，傅浩译。

数字可以成为启示。16世纪犹太教神秘哲学文字《光明篇》告诉我们，《圣经》中的每一个字都闪着光芒。对应地球上70个国家的70种已知的语言，每个词语都有70个理解的角度，就连每个单词的每个单独的字母也是如此。在每个词的70个理解角度中，存在600000个真相的“入口”，或者说是可能的解释。西奈半岛的摩西在第一个词诞生的时候，作为600000个目击者之一对其进行了见证。这样算下来，在《圣经》的每个词中，就有2940000000种光芒。《圣经》中每一页纸上的光芒多如银河系中的恒星。据《光明篇》所言，整本《圣经》里的单词、字母甚至字母的形状，都揭示着上帝的秘密名讳。除非把宇宙撕裂，否则《圣经》中的任何一个字母都不能被替换或删去。

现代天文学与《光明篇》的精神紧密相连。星系就是单词，恒星就是组成它的字母。每颗恒星都有600000个入口，有些是数字，有些是生锈的滑轮奏出的乐音。如果不冒风险，哪一个都不能舍弃。半人马座α星距离我们4.3光年远，即40万亿千米。就算开采整个地球的石料也不够制作沿途里程碑所用。每一米的距离对于这趟旅程来说都是必需的。对这每一米路和每一颗星，清点它们，命名它们。诗篇的作者这样唱道：“他告诉我们群星的个数，他呼唤每颗星星的名字。”织女星、五车二、毕宿五、参宿四。但这些只是巨大的恒星。从离我们最近的那颗开始，把它们全部编号，按顺序进行清点。太阳，半人马座α星A、B和C，巴纳德星，沃尔夫359，勃兰德2147星，天狼星和它的白矮星伴星，鲁坦726-8恒星系统。

如果我也拥有一本像《光明篇》这样的著作，那一定是小罗伯特·伯纳姆的《天体手册》。共三卷2138页的纸张满满记载着恒星信息和知识。翻开任意一页，我都能发现通往无限宇宙的新入口。例如在第213页写道："1918年发现的天鹰座新星，是过去300年来最亮的新星，因发现巴纳德星而成名的巴纳德在当年6月8日夜晚首先注意到它。在偶然注意到这颗新星的几个小时之前，他刚刚结束了在怀俄明州观测日食的工作。同一时间，居住在俄亥俄州德尔弗斯的17岁少年莱斯利·珀尔帖也独立发现了这颗天鹰座的新星，他后来成为美国彗星的观测专家。在这颗新星被发现之后的几个小时内，它的亮度超过了除天狼星之外的所有恒星。天鹰座的这颗恒星距离我们1200光年远，其光度是太阳的44万倍。”再看第940页："行星状星云NGC 2392，位于双子座，被威廉·赫歇尔于1787年发现。根据伯纳姆的描述，这个模糊的星云具有W. C. 菲尔兹喜剧电影的特点——它的俗名叫作爱斯基摩星云，呈现出一张戴着爱斯基摩毛皮兜帽的人头的滑稽面孔。经过仔细测量得知，爱斯基摩星云正在以每秒110千米的速度增长。”第1619页：“在银河系的中心、人马座的位置，炽热的恒星燃烧生成甲醛、二氧化碳、羟基分子、甲醇等生命物质。如果将恒星星云人马座B2的乙醇成分进行提纯，可以得到无数瓶纯度极高的烈酒，这些酒的质量总和将大大超过地球。”

在关于人马座星云的这一页中，星座中的恒星数目以惊人的数字被统计展示出来。伯纳姆给我们传递了4世纪的中国隐士诗人陶渊明的精神。陶渊明发现社会化的生活对他的个人才智来说毫无价值，他不愿再为五斗米折腰，从而退居到他独自拥有的私人世界。在那里，他投身于自己真正热爱的事物：自然、花朵、儿童、星辰、诗歌、美酒和他那“三径五柳”、在夏夜可以看到银河悬于东篱之上的小花园。突然间，我们仿佛重返瓦尔登湖，或是回到小王子的小小行星之上。我们像教堂里的老鼠一样穷苦，又像王公贵族一样富有。我把人马座的每颗恒星数给我自己。我拥有它们而不必向任何人折腰。

13

颜色的甜言蜜语

雅内 · 马尔科姆在她的批判文集《黛安娜和尼康》(*Diana and Nikon*) 中道出了黑白照片与彩色照片之间的差别。她说:“黑白照片,要求摄影师屏蔽掉对色彩世界的注意,而彩色照片允许摄影师忘记色彩世界的存在。”当然,使用彩色胶片作为媒介的人中存在许多伟大的艺术家,但在传统上说,是否拒绝色彩可以作为区分严肃摄影师和摄影爱好者的标准。马尔科姆说,掌握黑白媒介很困难,而彩色的就容易多了。前者需要的是艺术,而后者就没有那么高的要求。在我写下这几行文字的时候,我窗外的树肆意张扬地展现着色彩。在10月的新英格兰,任何人都可以随手拍下一张漂亮的照片,并且大部分人都这样做了。蔚蓝色的天空,铅白色的教堂尖顶,几笔绚丽夺目的红色和金色相间的落叶点缀描绘……世界上没有多少地方能比这里更美。随意把相机对准任何方向,按下快门,手中的照片绝不会让你失望。色彩讨好般地取悦你,眼睛只是慵懒地享受着。

再过几个星期,11月到来,树叶凋零殆尽。等到下个季节开始的时候,眼睛必须时刻打起精神,不能吝惜自己的注意力,捕捉这黑与白的季节。11月的色彩转瞬即逝,不经意间就会逃过人们的注意。加拿大舞鹤草的深红色小浆果，云杉枝头金冠戴菊鸟闪闪发光的帽子，露出地面的花岗岩中粉色长石的斑点，11月的色彩需要眼睛辛勤劳动才能发现。

马尔科姆说，严肃的摄影师，能抵抗“颜色的甜言蜜语”。走在11月的树林里，就像拍摄一张黑白照片，眼睛必须编译自然之美。必须让黑色的硬松树皮成为五子雀的玫瑰色胸膛的相框，必须在冬日山毛榉的卷曲叶片中分辨出新鲜出炉的面包的颜色，这是眼睛的微妙化学反应。诗人玛克辛·库敏写道：“山毛榉是整个冬天都营业的烘焙店。”这么一点点色彩，就让艺术具有了大师风范。但是今天，卖弄招摇的10月填满了我的窗口，试图吸引我的注意，奋力将全部的能量挤进我的每一寸视线中。一个月之内，这些喧嚣的、令人眼花缭乱的颜色就会全部消失。10月的色彩助长了大自然的信誉，而11月的色彩却称得上是一件艺术品。

※

如同11月的色彩，夜空中的色彩也一样精美绝伦
夜空是全年都存在的11月。夜晚是只用了黑与白两种颜料涂绘的画作。恒星在纯净氯化银的底片上闪烁单色的

光芒。群星心有灵犀，褪去色彩。

是这样吗？用一个小小的技巧就能证明恒星不仅仅是底片上的白色光点。许多恒星的确是白色的，但还有红色、橙色、黄色和蓝色的恒星。据说，有些还是绿色或紫色的。而恒星对急躁的眼睛只呈现出白色，是由于发生在我们双眼中的化学事故。

在我们眼睛的视网膜上有两种感光细胞：视杆细胞和视锥细胞。视锥细胞是颜色的感受器，但是对暗弱的光不敏感。视杆细胞对暗光有着更好的适应力，但它们无法区分颜色。当我们凝望星星的时候，是那些对暗弱光源敏感但色盲的视杆细胞在起着主要的作用，这就是为什么恒星用肉眼看起来大多是白色的。但当我们借助望远镜看向它们，或是花时间认真观测比较明亮的恒星时，它们就会如彩虹般呈现出不同的色彩。

恒星的颜色取决于其表面的温度。从这个角度说，恒星就和其他发出炽热光芒的物体一样。任何物体只要温度高到足以达到白炽状态，就可以发出暗红色的光芒。随着温度继续上升，在短波（蓝色）波段的辐射能量相对长波（红色）波段增加。物体越来越热，它的颜色就从红色，变成橙色、黄色、白色，直到蓝色。当然，恒星的颜色从来都不是纯粹的单色，而是所有波长的辐射的混合，我们双眼对其颜色的感知取决于在它的光谱的某一部分中成为主导的颜色。所以或许我应该说它的颜色从偏红，变成偏橙、偏黄、偏白，最终成为蓝白色。我们的太阳的表面温度大约为5800摄氏度，和所有达到这个温度的白炽物体一样，它会辐射出以黄色为主导的光。所有的孩子都会在画太阳的时候为它涂上黄色的脸庞。太阳的黄色色调在我们看来十分显眼，因为这颗恒星离我们很近，而且非常明亮，所以我们视网膜的视锥细胞可以开始工作，有效地“看见”颜色。但是，如果把太阳放到半人马座α星A，这位同样是黄色的、太阳的同胞兄弟的位置上，那么你只能在漆黑的夜空中看到它化作一个小小的白点。

细心的观测者可以区分出夜空中较明亮的恒星的颜色。我总是指着心宿二，称它为“红星”，或是把织女星叫作“蓝星”。这么说有一点夸大其词。心宿二的分类为红巨星，但用肉眼观测它可能只会呈现出暗淡的橙色。至于织女星，如果它看起来是蓝色的，那么真实的它就只是一颗白色的带点蓝光的星星。就连太阳，尽管孩子们都幻想它有着一张黄色的面庞，可实际上它的脸色要比想象中苍白得多。也许观察恒星真正颜色的最好办法是通过对比。猎户座就提供了生动的示例。参宿七，这颗位于巨人前脚的明星毫无疑问是蓝色的。在猎户举起的手臂上的参宿四是橙色的。通过在两颗星之间来回扫视对比，很容易就能看出它们之间的颜色差别。如果借助双筒望远镜或天文望远镜放大星光的强度，恒星的颜色则更容易被感知。我最喜欢的恒星色彩示例是位于天鹅座鸟喙位置的天鹅座 β 星。用一台小型设备就可以发现，天鹅座 β 星是一对双星，其中的一颗成员星呈现金色，而另一颗则是亮蓝色的。一旦你在望远镜中看到了它们真正的光彩，就不会再以为它们只是单调平凡的白色的了。

观测夜空的艺术，50%靠视力，50%靠想象力。没有什么能比群星的色彩更好地阐明这句话的真实意义。19世纪的观测者们似乎有着最佳的观察恒星颜色的运气，这无疑是因为在他们的观测中包含的想象成分要比视觉成分更多。理查德·辛克利·艾伦有本书叫《恒星的名字：它们的传说及含义》，出版于20世纪末。书中形容天鹅座 β 星为“黄玉色与蓝宝石色”。同样在较大尺寸的望远镜中呈现出双星系统的心宿二，在书中被描绘为“炽红色与翠绿色”。艾伦把其他明亮的恒星描述为樱桃色、玫瑰色、葡萄色和丁香色。读着他的书，你会觉得自己身处他家的后花园，而不是在幽深的夜空下。艾伦对色彩的描述大部分是借用了英国著名天文观测家威廉·亨利·史密斯的语言。这位大师的眼睛能分辨十几种白色的灰度，包括珍珠白、透明白、乳白、银白，以及平凡朴素的纯白。

19世纪最精巧的恒星颜色系统，是俄裔德籍天文学家威廉·斯特鲁维的贡献。斯特鲁维用拉丁语标签为恒星分类，这种文字本身就带有异域情调的光环，让色彩听上去很像热带鸟类的拉丁语名字：醒目的白（egregie albae）、明亮的黄（albaesubflavae）、暗紫（purpureae）、大红（rubrae）、忍冬果蓝（caeruleae）、青霉绿（virides）。有时候，这些基本的描述似乎还不够精确，所以斯特鲁维发明了一组新的术语，比如用olivaceasubrubicunda表示粉红橄榄色。如果给我指出一颗olivaceasubrubicunda的恒星，我需要刺激一下我的想象力才能体会这种艺术。

靠相机和电子设备的武装，现代天文学家可以用客观的数字记录恒星的颜色，猎户座的参宿七的色指数是−0.04，它的光谱类型为B8，这些是完全专业的说法，但业余的观星者只需要一点点想象力就能看到参宿七是蓝色的，而参宿四是橘红色的。史密斯凭着自己的想象水平，甚至可能会看到“苍白玫瑰色”的毕宿五或是“灿烂金黄色”的大角星。艾伦的书中描述三星系统轩辕十四中的那对双星为“红白色和群青色”。没有相机能捕捉到这样的颜色。

※

观星活动，就像拍摄黑白照片，也要求屏蔽对色彩世界的感知。在午夜的天空中没有引人入胜的日落，夜晚的森林里也没有狂躁骚动的或红或金的落叶。业余摄影师叹着气绝望地移开望远镜，但经验老到的观测者会适时抓住暗示，发动想象力丰富自己的调色盘。威廉·亨利·史密斯的眼睛透过望远镜紧盯着恒星，他看见了“番红花色”“西洋李色”“条纹玛瑙红”和“钴蓝色”，这些都是想象力的色卡。史密斯对恒星颜色的描述，让我想起了艺术家瓦西里·康定斯基[1]在他13岁的时候买了第一盒管状颜料的事情。康定斯基告诉我们，用手指最轻柔

1 瓦西里·康定斯基（Wassily Kandinsky，1866—1944），画家和美术理论家。是现代艺术的伟大人物之一，同时也是现代抽象艺术在理论和实践上的奠基人。

的力量挤压颜料管，色彩就会像呼吸着的生命一样缓缓流出。有些颜色充满活力、喜气洋洋；有些颜色耽于沉思、如梦似幻；有些颜色自恋张狂；有些颜色撒泼耍赖；有些颜色让人感觉愉悦放松；有些颜色正在悲伤抽泣。康定斯基手中的一些颜色很顽固，另一些却柔软充满弹性。艺术家近乎魔法的关于油画颜料的色彩体验，唤醒了西洋李色和钴蓝色的恒星。

恒星的颜色不能被轻易看见，这可能是恰到好处的安排。正如约翰·巴勒斯所说，如果世界永远以一种赤裸裸的宏伟姿态出现，也许会超出我们的承受能力。但无限的一半仍然是无限。一点点的无限，也是无限的——如果我们能抓住那一点点的话。这里有一条线索，那里有一条线索，巴勒斯说，线索和暗示组成了我们前进的道路。

只有在完全黑暗、完全晴朗的夜晚，才可以仅凭肉眼分辨出猎户座大星云，它看起来就像巨人奥利翁的佩剑上一团模糊的白色光斑。在一台中等尺寸的设备里，这个星云散发着恐怖怪异的绿光，眼睛可以看出它的某种形状——就像一只蜷曲的手臂，而它末端的手掌正在承受烧灼。这个星云进行过长时间曝光的照片显示出正在经历初生痛苦的恒星的复杂细节。它的襁褓是坍缩中的明亮气体形成的旋涡和物质激流；它的摇篮由光年测量，充满了创造的能量。猎户座大星云的颜色在不同照片上的体现也是各有特点的。在柯达400彩色胶片上，猎户座大星云呈现出梅子色和淡紫色、蔚蓝色和奶白色。在埃克塔克罗姆400号彩色反转片上，星云呈现杏黄色和红色，还点缀着深赭色和棕色。在柯达1000底片上，猎户座大星云是深浅不一的紫色，带有玫瑰色的绯红。但所有这些颜色都是只存在于胶片上的人工产物。它们都不是如果我们能接近它，站在它绝妙的光芒里所能亲眼见到的这片星云的真实样子。在我桌上有一张猎户座大星云的照片，用特殊的方法重建了人眼对色彩的敏感度。印刷出来的照片的色彩来自3.9米口径英澳望远镜的三次黑白曝光。每张底片都是感光剂和滤光片联合作用的结果。这些滤光片可以穿越整个视觉的光谱,做出统一响应，再用遮蔽技术来增强星云的结构细节。猎户座大星云至少比我们的太阳系大20000倍，包含了足够多的氢、氦和其他物质，足够形成10000颗像我们的太阳这样的恒星。星云的光芒大部分都来自绿色的双电离氧和深红色的电离氢的 α 辐射。最近才诞生的炽热的年轻恒星还嵌埋在星云当中，它们的能量激发出了这些气体的光辉。英澳望远镜拍摄的照片显示，这片具有羽毛状气态纤维结构的星云，看起来就像一只正在捕食的凶猛的大鸟。在大鸟扭结的爪子里，紧抓着十几颗光线灼灼的白色恒星。氧元素绿色的光在中等尺寸的望远镜里可以被捕捉到，它与传统柯达胶片上呈现出的红色和蓝色混合成棕色和黄色。在合成后的印刷品中还可以看到橄榄色和卡其色，以及燃烧的篝火般的红色和橙色。这里有令人不安的棕色和灰色，像灰尘和煤渣一样堆积在黑色的空间里。这里有运动和暴力。这个星云似乎充满了可怕的恶毒力量。这不算一张漂亮的图片，这张精心雕琢的照片不是色彩艳丽的10月里美丽的佛蒙特州小村庄药店门前的快照。它是利维坦的脸，将我们拖入深如海底世界的可怕虚空。它是上帝强健的巨手，把我们攥紧在它无限宽阔的拳中。它是力量，就隐藏在无色的黑夜中，就像海浪中的礁石撞破了航船，就像白鲸把所有寻找它的人拖入了黑色的深渊。

※

如果不重读梅尔维尔关于目睹大白鲸的章节，我们就无法结束关于色彩的甜言蜜语的沉思。以实玛利反复为我们指出白色代表的美好与真实。他进行了大量的铺陈列举：雪白色战马，代表恺撒王朝王室的颜色，纯洁的新娘，以及主宰精神的神明的象征。可在见到白鲸的时候，这一切都让他觉得不值一提。他说，白鲸的白色比之前的一切都更让他惊骇。在和白色有关的精神联想中，总缺不了甜美、荣誉和崇高。但在白色中也潜伏着某些难以捉摸的思想，植根在灵魂的最深处。“这些东西比暗示了鲜血的红色更能让人的灵魂感到恐慌。”当它与可怕的事物相叠，以实玛利得出结论，白色让这种恐惧感无边蔓延。

如果人眼的视网膜上只有视杆细胞，且它们同视锥细胞一样对颜色具有敏感度，那么恒星看起来就会闪耀着十月金秋的红色和金色，猎户座大星云就会像猎人膝盖上盛开的赭色和绿色花朵。如果真是这样，我们也许永远不会在天空中寻找神性。那么也许我们的神学就会变得如快照般容易理解；哲学像药店印刷的相片一样浅显；玄学经过美化修饰，变得异常简单。但是夜空，就像亚哈船长的大白鲸一样，在苍白中遮掩自身的浩瀚。“细想一下神秘的宇宙，它虽产生了每一种色泽，产生了伟大的光学原理，可它本身却始终是白色的或者是无色的。如果它对物质起作用而缺乏媒质的话，就会用它自己的空白色泽来渲染一切物体，甚至包括郁金香和玫瑰花在内。把这一切都仔细地想了以后，那么，横在我们面前的这个瘫痪了似的宇宙就是一个麻风病人了。”（以实玛利语）盲目的我们紧盯着那张包裹我们鲜艳璀璨星球的巨大的、不朽的裹尸布。想要找到通往星系的边缘，通往时间的起点的方向的朝圣者，必须放弃白日的舒适色彩，必须在黑白交错的海面上将自己发射进无尽夜空，必须在那无垠的空间中找出群星闪烁着的西洋李色、番红花色、葡萄色和稻草色。这场追寻可能需要超越你我承受能力的勇气，而且有可能，我们会被其吸引，深陷其中，迷恋上这个过程，就像亚哈船长。我们会坠入星海，将追捕的绳索紧紧地绑在所追寻的猎物上。“白鲸就是这白色中最杰出的代表。”以实玛利说，“你们对这种激烈的猎捕可觉得惊讶吗？”

14

昴星团的追随者

谁能说出现在从东方升起的巨大红色恒星的名字？或是那只在去年夏天的夜晚恸哭哀鸣，如同棕色巨蛾一样拍打着翅膀从藏身之处离去的鸟儿的名字？如今，我们没有什么动力去学习事物的名称。我们所理解的唯名主义哲学只是随意专横地给事物贴上标签，名字只是被随意分配的无意义的x。笨拙的小x在教科书中蹒跚而行，承载着全部的知识负担。现在，小x就是东方这颗红色恒星的天体坐标（4h 34.8m R.A., + 16° 28' Dec）。现在，小x就是在夏夜鸣咽的夜鹰在博物学上的名称。

梭罗告诉我们，他在学习事物的印第安语名字的时候，开始用新的角度看待它们。当他问缅因州的一位印第安向导那片平静的湖水为什么被称为“Sebamook”的时候，向导回答他：“就好像这里有个地方，那里有个地方。你把另一个地方的水接过来再把这里灌满，水就留在这里，这就叫‘Sebamook’。”梭罗编写了一本印第安语的名词词典，就像缅因州森林的地图一样能给人们提供指导。它就是自然的历史。这些印第安语的名字提醒着梭罗，智慧并不只在我们自己的河渠中流淌。

在我们的自然中没有其他任何一部分像夜空一样蕴含着如此多的信息。夜晚是人类文化历史的宝库。恒星的名字就像是家庭相册中的条目，展示了我们过去的经历和成就。一些恒星的名字是描述恒星特点的形容词，比如：天狼星Sirius，意思是“闪闪发光的”或者“灼热的”。大角星Arcturus的名字来源于它所在的天空中的位置，它离大熊座不太远，所以它的含义是“熊的卫士”。有些恒星的名字指的是它处于星座中的位置：参宿四Betelgeuse源于阿拉伯语，可能意味着猎户的“手”。大部分恒星的名字其实都来自阿拉伯语：天秤座α星氐宿一Zubenelgenubi和天秤座β星氐宿四Zubeneschamali的意思是蝎子（现在这一部分恒星属于天秤座了）“南边的爪子”和“北边的爪子”，这是所有阿拉伯语星座名称中最具异域风情代表性的例子。恒星的名字也经常见于希腊语和拉丁语，老人星Canopus源自希腊语，御夫座α星Capella则是拉丁语。人马座σ星Nunki来自苏美尔语。在西方的星图上，至少有一颗星的名字来自汉语，它是仙后座的Tsih。Nunki的来源可以追溯到史前文明，猎犬座α星常陈一Cor Caroli，它的含义是“查理之心”，据说来源于牛顿的同事爱德蒙·哈雷，以纪念他们的国王查理二世。海豚座的恒星瓠瓜一Sualocin和瓠瓜四Rotanev在皮亚齐于1814年出版《巴勒莫星表》的时候才首次得以在星图上出现，它们的名称来源于皮亚齐助手的名字尼古拉斯·维纳托（Nicolaus Venator）的反写，这种别出心裁的命名方式一度让语源学家们感到非常迷惑不解。

据说，亚当在天堂有给万物起名字的特权。我能想象得出来，他会多么严肃地履行职责。他坐在知识树下想了又想，突然间灵光一现，雀跃而起，低声自言自语道："柳树。"他想到了"柳树"这个名字。从此，这棵树的名字成为柳树，也只能是柳树。他开始想到"像柳树一样婀娜多姿的夏娃"以及"垂柳"这样的语言，语言在亚当的舌尖迸出火花，火花从这棵树扩散到灌木丛，从灌木丛燃烧到飞鸟，从飞鸟传递到星空。很快，夜晚的一切都被语言的火焰点燃。天狼、卫士、查理之心——群星在我们的智慧中燃烧。

※

那只如同棕色巨蛾般的鸟从藏身处展翅飞出，在夏日的夜晚啼鸣出它自己的名字。它是一只三声夜鹰。此刻正在我的窗外升起的那颗红色恒星是金牛座的毕宿五。让我跟你说一说关于这颗星的故事吧。毕宿五是金牛座最明亮的恒星，因此它获得了金牛座 α 的命名。在亨利·德雷珀所著星表中它被编为20139号恒星，而在《史密森星表》中它是第94027号。我们可以在夜空中金牛座的脸部位置找到毕星团，毕宿五就居于其中。自古以来，毕宿五就被看作毕星团的统治者，如同蜂巢中的蜂后。但是毕宿五实际上并不属于星团本身——它到我们的距离只有星团中恒星距离的一半。毕宿五的距离已经可以通过三角测距法（所谓的三角视差法）直接测量。利用这种方法，测量者可以通过设置基线并测量角度，来取得星团移动的最远距离峰值。天文学家测量恒星距离的时候，一般都会利用地球围绕太阳运动的轨道的直径作为基线。但是即便有了如此长的基线，这种测量方法也只能对距离最近的一些恒星起作用。毕宿五只是勉强处于三角测距的有效范围内，它离我们68光年远。如果你决定开车前往毕宿五，遵守每小时最高90千米的限速，那么要耗费8亿年才能到达。

毕宿五的光谱类型是K5，这意味着它的表面温度将近4000摄氏度，尽管我们称它为红色恒星（印度人称它为"红鹿"），但实际上它在肉眼中呈现暗淡的橙色。毕宿五是一颗巨星（但不是参宿四或心宿二那样的超巨星），它已经接近自己生命的终点，已经足够膨胀，正在慢慢死去。濒死的恒星通常会有些轻微的变化，它的表面会缓慢地内外脉动，就像疲惫不堪的呼吸，也像由心而生的哀叹。千万年之前，毕宿五还只是一颗中等尺寸的黄色恒星，就和如今我们的太阳一样，或许它也曾恰到好处地照耀温暖了某个行星家族。毕宿五的行星，就算曾经真的存在，现在也早因这颗恒星让人难以想象的高温而被灼成灰烬了。

像其他恒星一样，毕宿五也会在天空不停地移动。只不过这种移动仅凭几个夜晚是不足以观测到的，甚至穷尽人的一生也无法察觉。事实上，它是人类最早发现的有位移轨迹的恒星之一。公元509年3月在雅典记录了一次月亮遮掩毕宿五的现象。那天夜里，月亮直接从地球和这颗恒星之间穿过，短暂阻挡了它的光芒。毕宿五作为一颗稀少的一等亮星，有着足够接近月球表面的运动轨迹，所以这样的现象时常发生。我自己也目睹过几次月掩毕宿五。其中一次，月牙的边缘接近毕宿五，那一瞬间，毕宿五在距离月牙半度的位置闪耀着，然后——咔！——突然消失不见，就像魔术师手中的一枚硬币。牛顿的朋友哈雷意识到，月亮在公元509年的3月不可能遮挡住毕宿五，除非恒星在当时的位置比现在往北偏不到1度。所以他得出结论，这颗恒星一定在天球上改变了自身原本的位置。我们现在把这种恒星在夜空中缓慢滑动的现象称为恒星的自行。在我的星表上写着，毕宿五的自行速度是每年0.2角秒[1]。这就意味着自雅典人记录的那次月掩毕宿五的现象到现在的1500年里，毕宿五移动的距离相当于月亮直径的四分之一。除了这种朝着猎户座方向进行的缓慢横向滑动之外，毕宿五也正在远离我们，这种运动可以通过观测恒星星光的轻微伸长或红化以获得确认。在从雅典发生月掩毕宿五现象到现在的1500年里，这颗恒星与我们之间的距离已经增加了3万亿千米。所以如果以90千米的时速开车前往毕宿五，无论经过几个8亿年也不可能到达。

所以现在我已经对毕宿五标记了x，而这个x脱胎于那些我们自称已经了解的恒星的x。我们已经知道宇宙不是星光熠熠的女神的美丽胴体，或是但丁与比阿特丽斯攀登的多层山峰。它来自积累了足够多的x标记的正确的赤经和赤纬、视差、自行、径向速度、星等和光谱类型，

1　角秒，又称弧秒，是量度角度的单位。

我们发现了星系和类星体的宇宙，光年和无限的宇宙。灵活的小x、空船、变色龙，一直是我们获得知识的工具。

毕宿五是这颗恒星的名字，虽然天文学家在某些必要的场合会把它记录为HD 29139。毕宿五，Aldebaran，意为“追随者”，源自阿拉伯语Al-Dabaran。大多数阿拉伯语的星名都是早期希腊语名称的翻译，但Al-Dabaran这个单词早在人们与古典科学产生任何关联之前就已经在阿拉伯语中被使用了。早先的阿拉伯人用星星来区分季节，让它们为自己在目之所及皆相同的沙漠海域里领航。沙漠中的旅行者与亚历山大的天文学家和数学家一样，都熟知这些星星的名字。

毕宿五“跟随”昴星团，那是金牛座空旷地区暗弱恒星的绿洲。昴星团中的六七颗恒星以裸眼看上去并不非常明亮，但在天空中却是独一无二的。当昴星团出现在东方地平线上方时，可以确定，毕宿五将在一个小时后在同一个地方升起，它会追随着那个闪闪发光的星团穿过整个夜空。

这颗恒星还有一些其他的阿拉伯语名字，可以翻译为“胖骆驼”或“昴星团的司机”。毕宿五的古罗马名字，Palilicium，纪念了牧羊人的特殊神灵，畜牧女神帕勒斯。当牧羊人在夜间照看羊群的时候，他们心中知道这颗恒星正在冉冉升起。托勒密称为“火炬手”，而巴比伦人称它为I-ku-u，意思是“众星的领路者”。而对于大多数现代观察者来说，毕宿五再也无法成为其他的什么东西，它只不过是向猎户座猛冲而去的公牛那双凶戾的红色眼瞳。

追随者、司机、胖骆驼、红眼：这些名字像极光一样照亮天空，它们将众星包裹进智慧的毛毯。诗人里尔克说：“最显著的喜悦，只有在我们从内在改变它的时候才会向我们展现。”里尔克给恒星和星座赋予了自己的名字和生命，将它们从内在改变了。“在那里，看，”他喊道，“骑士、教员，以及被他们称为‘水果花环’的星座。然后，再远一些，往北极方向看：摇篮、道路、燃烧的书、娃娃、窗口。”里尔克声称，“那些生气盎然的、充满生活经验的东西”正在消失，它们被“空洞又无关紧要的”虚假事物排挤。据推测，篡位者是小x，与它的兄弟们列队整齐，一同前进，不可抗拒地渗透到我们熟悉的事物中。

但在这件事上里尔克肯定是错的，因为x本身就是一种有效的改变事物的工具。科学很好地利用了x，就像一头负重的驮兽承载了一项伟大的事业。它带领我们穿过了贝都因人的寒冷沙漠之夜，超越了指向昴星团的肥胖的红色恒星，就像牧羊人在一个比他所能梦见的更宏伟壮丽的宇宙中照看着他的羊群。在科学中，小x是一种装置、一种工具，可以让我们用一系列数学的方式修补无限的宇宙。在这方面它极其有效，因为宇宙的运行方式看上去似乎真的遵循着一套不可思议又卓越非凡的数学方法。因为x的存在，我们生活在一片悬挂着一颗正在以自己的热核光芒膨胀和燃烧的红巨星的夜空下，而不是存在“胖骆驼”或“红鹿”的夜晚。智慧已经流入新的河渠。我会跟随这条河。我会改变那些红色的巨星。我会赋予它们生命。我会让那些巨大的红色恒星属于我自己。

这是一个连续的故事。亚历山大的托勒密称毕宿五为“火炬手”，而罗马人则将这颗明星作为对畜牧女神的纪念。古典科学在罗马沦陷后日渐衰落，天文学和科学在欧洲大面积地消失。但阿拉伯人保留了旧有的传统学识。他们将希腊天文学的遗产翻译成伊斯兰教所使用的语言，并用自己的语言给希腊天文学注入新的知识。欧洲现在留存下来的中世纪及文艺复兴时期的天文学文献，皆源自阿拉伯语。西班牙成为这一传播中最重要的中心，因为阿拉伯和基督教学者自公元711年伊斯兰教征服西班牙以来就大量移居此地，与当地生活进行融合。西班牙的基督徒将10世纪后期的阿拉伯语文本翻译过来，正是从这些文本中我们得知了金牛座中那颗红色恒星的名字，它被翻译成了某种类似拉丁语的语言。那时候，毕宿五在欧洲得以保留它原来的阿拉伯语名称“追随者”，直到1603年，约翰·拜耳在科学革命的精神指引下，系统地用希腊字母对恒星命名,而“追随者”最终成为金牛座α。安妮·坎农和爱德华·皮克林在1918年至1924年编制的《亨利·德雷珀星表》中将毕宿五编为HD 29139，而在1966年问世的《史密森星表》中这颗恒星的编号为SAO 94027。因此，智慧的溪流在这片名为文化的崎岖土地上扭动翻滚。现在，它已经找到了一个又一个河渠，总是向着远方真正的汪洋大海流淌而去。

只要我们关注恒星，将它们命名为“胖骆驼”“金牛座α”“HD 29139”——把它们转化为我们内心的形象，那么夜晚就永远不会空洞，不会让人们无动于衷。我以一种冗长枯燥的方式重复着恒星的名字：毕宿五、五车五、参宿七、参宿四、参宿五、半人马座α星、巴纳德星、沃尔夫359、勃兰德2147星（和潜在的还没有被命名的伴星）。是我们自己，命名它们，凝望它们，让这些恒星成为无形的实体，赋予它们超越视觉的意义。它们依赖着我们，这正如同里尔克所说，我们就是改变群星的人，“我们的整个存在，我们心怀的起伏不定的爱，都是为了能让我们适应这项任务”。

15

夜晚的形状

禅教导我们，所有的事物，无论是有意识的还是无意识的，都在寻找自己的真实本性——佛性。佛祖生活在“无家可归的家”中，唤醒了真实的自我。禅宗有一段有名的公案，叫作《日面佛月面佛》，讲的是日面佛和月面佛同时修行成道，获得因果正身。然而日面佛获得了1800年的寿命，月面佛却只有一个晚上的金身。

我是一个谨慎的夜晚朝圣者，一个在星空下徘徊的流浪者。我对我在宇宙中的家的认识也是短暂且不甚完整的。即便我曾迈入了日面佛的家，但我能停留的时间依然非常短暂。我的追求，收到的回报，仅是微弱的光芒和干涩的啼鸣，是存在于这里或那里的一点点线索和暗示，是脊椎的兴奋。对于“微小的细节”，我会有自己的判断。那么，请给我展示一张月亮的脸，一张血红色的月亮的脸。

1503年5月，克里斯托弗·哥伦布驾驶着两艘来自巴拿马的船第四次试图航行前往新大陆。经过多次试验和冒险，他打算在返回西班牙之前停靠在加勒比海的伊斯帕尼奥拉岛对船只进行改装。暴风雨的打击使行程瘫痪，再加上蚊虫肆虐，这支小舰队被困在了牙买加北部海岸。哥伦布派出12名男子乘坐独木舟向位于东部300千米远的伊斯帕尼奥拉寻求救援，而后的几个月，他带着其余的人等待援兵。为了获得食物，西班牙人与当地印第安人交换了珠子和镜子。终于，当地人厌倦了小饰品，并拒绝为滞留的水手提供食物。哥伦布想到了一个解决问题的办法。他用他手中的一本小册子为自己解了围，这是一本记录了对1504年2月29日晚月食的预测的天文学家雷格蒙塔努斯编写的《星历表》。哥伦布召集了当地酋长一同参加会议，并宣称如果他们不继续供给食物，就会“激怒”月亮。并且，正如他所说，即使月亮升起，也将会是鲜血的颜色。1504年是个闰年，所以那一年的2月有29天。就在2月29日的夜晚，月亮在日落时升起并溜进了地球的阴影中。与其他阴影不同，地球的阴影是红色的。太阳光经过地球弯曲表面周围的大气折射，长波把月亮染成了血的颜色。正如哥伦布和印第安人所看到的那样，地球的红色阴影在满月的脸上穿过，月亮从金色的西班牙钱币多布隆变成了诡异的深红色圆盘。我曾多次观看月食，那场景给人产生的心理印象的确是鬼魅般怪异神秘的。如果我不知道夜晚的地球锥形阴影的原理，我也会觉得自己像牙买加的印第安人一样遭受了“惩罚”。

夜晚有它的形状，是一个锥形。

在雪莱的《解放了的普罗米修斯》一书中，地球说了这样一句话："我在夜晚的金字塔下旋转，金字塔指向了天堂，那是梦想喜乐的地方。"多年前，当我第一次阅读这句话的时候，我对自己辨别出了心底一直痴迷的东西而感到震惊。我研究过天文学和光学，我了解本影和半影以及物体在不同种类的光线下的投影方式。在我的天文学课程中，我曾经通过绘制三角形来计算太阳、地球和月球的相对尺寸和距离。我猜我一直都知道，地球的阴影是锥形的，是它将黑暗带入太阳照射的空间。但是在读到雪莱的词句之前，我从来没有体会到，夜晚其实是一个从地球延伸出去的高大而黑暗的金字塔。

黑夜就像巫师的帽子，被地球戴在头上。巫师的帽子又尖又长，帽尖遥遥指向太阳的相反方向。"帽檐"的直径为13000千米，紧贴在地球的眉毛上。"帽尖"延伸到离地球140万千米高的顶点。巫师帽子阴影的高度比底部宽100倍，它与地球之间的距离是月球到地球距离的3倍还要多。每当月亮恰好穿过那顶黑暗的帽子，我们就能看到一次月食。

当我看到月食的时候，我想起的是雪莱的文字，而不是天文学的文献。地球弯曲表面的金字塔形阴影笼过月球的整个脸部并描绘出锥形的夜晚。自我读过他的文字，我心中的夜晚就不一样了。现在的夜晚有了具体的形状。这是知道和看见之间的区别。有一个关于某个男人的佛教故事是这么说的：他年轻的时候看到的树木是树木，风是风，月亮是月亮。随着年龄的增长，他开始问自己，为什么树木会像人类一样长大，为什么风从地球的各个角落吹来，为什么月亮会有阴晴圆缺。他对自己的所见全都提出了问题，他将所有的时间都花在追求答案上。过了一段时间之后，树木再次成为树木，风再次成为风，月亮又成为月亮。在我读过雪莱的文字之后，又看到过一次月食。月亮滑入地球的红色阴影。过了一会儿，月亮的脸变化成佛祖那圆形的红润脸颊，在夜晚的金字塔中泰然自若，面目安宁。这一刻，它只是月亮。

地球在它锥形的夜晚之下旋转。地球围绕太阳运行，深红色的阴影帽子追随着它，帽尖始终指向无尽远方。在那黑暗的帽子下，獾在沟渠中徘徊，跟踪着在夜间爬行的蚯蚓和甲虫。蝙蝠拍打着空气，发出只有孩子才能听到的尖锐叫声。橡树林中的猫头鹰对着月亮啼叫。在那黑暗的帽子下，负鼠、狐狸、浣熊、萤火虫、修道院的灯笼，忽明忽暗。在那黑暗的帽子下，幽灵和妖精、梦魇和魅魔、男妖和女妖，甚至连撒旦都开始出没。天文学家摆好了他们的高脚椅，将他们的观星设备指向了长长的帽筒，跟随地球的影子一直上升到宇宙的“生态圈”中。一层一层，一步一步，一排一排，经过幸运群岛，穿过乐土天堂，越过洁净圣域，坠入无际大海。那里有恒星和星系在召唤，而类星体像圣埃尔莫的火焰一样让人惊恐万分。

夜晚是锥形的，因为地球是圆的，而且比太阳还小。希腊人可能是在月食期间观察月球上地球圆形曲线的阴影，才会惊讶地发现原来地球是一个球体。当然，首先他们必须能猜测到是地球的阴影导致了月食，而不是天空中的龙或恶毒的神灵把月亮吞噬了。希腊人非常理性。他们用欧几里得取代了巴尔和宙斯。他们在尘土上画出了圆圈和直线，并从那些结构中发现夜晚的形状是锥形，直尺和指南针是他们的望远镜。但希腊人要想体会到地球是球形的，需要的不仅仅是数学。最终，想象力给予了他们关于地球形状的真相，洞察力的纯粹与专注给予了他们灵感，如同一条直线般直击事实的核心。我有一位朋友，迈克·霍恩，利用这种想象力教授天文学。我常常在星空下和一群学生坐在一起，看着他毫无顾忌又喋喋不休地向大家传达一种感受，描述着地球是个球体这个事实。他伸出长长的胳膊，指向亚洲天幕下地平线上冉冉升起的太阳。他挑起眉毛，踮起脚，聚精会神地注视着地球的曲线，寻找前一天晚上见过的那颗恒星。他抬起双臂，拢出圆形，仿佛想要拥抱地球。当我看着他的时候，发现自己也踮起了脚、挑起了眉毛，就像父母在喂孩子吃饭的时候自己也张开了嘴一样，我在心里也拥抱着这个巨大的、隆起的圆形地球。

所有的行星都戴着夜晚的帽子。恒星附近的每个物体都投射出金字塔形的阴影。如果一名宇航员脚朝向太阳在地球轨道上自由飘浮，那他黑色的巫师帽可以达到30米长。有一个奇妙的巧合，月亮的"帽子"几乎与月球到地球之间的平均距离一样长。如果月球靠近远地点（离地球最远的位置）并且正好从地球和太阳之间穿过，它的阴影顶点就会正好落到地球表面之下。在这种情况下，人们仍然可以看到太阳如一道灿烂的光环围绕着月球，这就是我们所俗称的"日环食"。如果月亮不在远地点，它的阴影就会到达地球表面，当月亮从地球和太阳之间穿过时，它的阴影顶点就会像外科医生的手术刀一样切入地球。那些幸运地生活在手术切口处的人将会亲身体验到大自然最壮观的天文景观之一，即日全食。观看日全食的人站在月夜的尽头，这一瞬间，白天向夜晚借来了黑暗，蝙蝠飞翔，猫头鹰鸣叫，獾从它们的洞穴里向外偷看。

有时，当月亮与地球的距离恰好时，它的阴影会像羽毛尖一样轻柔地刷过地球表面，而日食则处于日环食和日全食之间的临界状态。1984年5月30日的日食就是这样的。月球的阴影投到地球表面时，它与地球间的距离其实非常近，以至于人们几乎可以从地球上跳上它的顶点。黑色羽毛的尖端正好经过新奥尔良、亚特兰大、格林斯伯勒和弗吉尼亚州的彼得堡，然后沿着马里兰州的东岸移到海边。月球上最高的山峰直指太阳的边缘，遮挡住它。但阳光穿过月亮的山谷闪耀出光芒，就像项链上闪闪动人的钻石，就像从破碎的碗口边溢出的光线。在雪莱的诗中，这就是地球所说的全部台词："我在黑夜的金字塔下转动，这金字塔怀着欢欣高耸入天空，在我醉迷的瞌睡中低吟胜利的欢歌，如同青年躺在美丽的阴影里，做着缱绻的好梦，轻声叹息；如同酒神，快活得发了疯。"月亮回应说："就像在柔和甜蜜的月食中，当灵魂与灵魂在情人的嘴唇上相遇时。”1984年5月30日，月亮打断了太阳的光，吻得太温柔，甚至没有被感觉到。

※

恒星附近的每一个物体都会拢在一个夜晚的锥形中。而每颗恒星附近的那圈锥形阴影环，都像是指向虚空的荆棘王冠。太阳家族的夜晚是九颗行星、几十颗卫星和一小群小行星的阴影。太阳系空间中的每一粒尘埃都会投射出自己微小的黑暗金字塔。阳光像一颗布满由阴影所凝成的刺的海胆，融进暗夜。地球的夜之圆锥是圣灵带给深层空间和深度时间的礼物。在星球被日光照射的一面，大气将阳光散射到一片朦胧的“蓝色毛毯”中，地球的“蓝色世俗外壳”，威廉·布莱克是这么称呼它的，“物质的硬敷层将我们与永恒分开”。但是，当我们随着自转的地球一同旋转，进入那夜晚的黑暗锥体时，我们终于得以一窥宇宙的面目。几年前，我读过一个科幻故事，关于一颗处于拥有四个太阳的恒星系统中的行星。在这个故事中，两千年来只出现过一次，四个太阳同时消失，天空一片黑暗的情形。当这个奇异的现象发生时，这个星球上的人们第一次看到了夜晚，被它的威严所震撼。

夜晚的金字塔是地球在蓝色盔甲中的狭窄缝隙。布莱克说："如果我们将知觉之门洗涤至净，万物便会以其无限的原貌出现在我们眼前。人们若将自己封闭起来，便只能从洞穴的狭窄细缝中窥探事物。"[1]蓝色的空气把我们封闭起来。只有通过夜晚的裂缝，我们才能瞥见无限。只有通过夜晚的裂缝，我们才能找到守护我们的日面佛。透过地球的蓝色世俗外壳上的锥形缝隙，我们像皮拉摩斯追求西斯贝一样追寻着无限的奥秘。

---

1 节选自威廉·布莱克（William Blake，1757—1827）的诗歌《天堂与地狱的婚姻》（*The Marriage of Heaven and Hell*）。

16

仲冬夜之梦

今天早上我在黎明前一小时起了床。空气很凉爽，天空无比清澈。我穿过树林，来到那个能提供给我一个高远又清晰的视野的地方，让我的视线可以越过宽广的草地，望向东方的天空。我知道我会看到什么。因为据说今天上午会出现一个非常难得的时机，能在同一片天空下同时看到全部五颗裸眼可视的行星。

南边的高空，火星和土星被安置在心宿二和角宿一之间。火星模仿着心宿二的红润光芒，土星复制了角宿一的洁白光彩。在远处草地的树木之上，金星和木星相依相偎，它们是天空中最明亮的两颗星状体；能看到它们靠得如此相近，就足以让我心甘情愿地早早醒来，赶赴这个安宁之地。我的星历告诉我，海王星和天王星也正在这两颗明亮行星的附近，只有望远镜才能让它们现出真身，而我却没有携带任何观测设备。冥王星也来凑热闹了，可即便有望远镜，我也不大可能看到它。在火星和土星之间，或者说在金星和木星之间，是一弯新月。它缓缓滑动，在我的视线中，慢慢地接近太阳。现在我等待着，注视着那条托载着初升旭日的地平线附近的天空。天空已经变亮了，紫罗兰色、蓝色和粉红色的光线像洋葱皮一样从仍在隐藏着的太阳上一层层剥落。之后，我终于看到了它，那颗小小的水星，在这个全员齐聚的盛宴中只肯羞涩地展露出一丝微芒。它太不显眼了，像一粒细微的尘埃。五颗行星！它们像是黄道上被丝线穿起的玻璃珠。五颗行星、月亮还有两颗灿烂的恒星，沿着黄道带列队成排。

中世纪的天文学家认为，宇宙是一个与地球同心的水晶球体，就像俄罗斯套娃一样层层嵌套。今天早上我看到的场景，很容易让我想到那个闪闪发光的、浩瀚无边的巨大套娃，层层叠叠，从地球往外蔓去。就在我看着天空的时候，首先是月球，正在明显地向东转动。然后是水星，来回往复地调整着与太阳相符合的频率。而后，金星、太阳、火星和木星，按距离的远近排列，直上天穹，每个球体都和着自己独特的圣洁韵律一圈一圈地旋转着。最终，所有这些固定的恒星——心大星和角宿一、天津四、织女星以及牛郎星——闭合在了一起，就像孕育了世间造物的玻璃容器，像占卜师的水晶球。它看上去是一个整洁的宇宙，就像我们孩童时代玩耍的小玻璃球，其中灌入了矿物油和白色薄片。飞快地晃动它一下，玻璃球中的雪花就会落在宁静美丽的场景上：一个小小的伯利恒，孩子们在一座有着白色塔尖的教堂前堆着雪人。

※

今早天空中的月亮刚刚新生4天。“这个旧的月亮消逝得多么慢,她耽延了我的希望。”雅典公爵忒修斯在《仲夏夜之梦》中说道。而后，戏剧开场了。“四个白昼很快地便将成为黑夜，四个黑夜很快地可以在梦中消度过去。”希波吕忒回应道。在莎士比亚的时代，宇宙仍然是一个由同心球体组成的蛋，根据物质的内在价值来分层：中心是笨重的土地，然后是水、空气和火；植物和动物的等级从最低等的地衣到人类依次上升；国民阶级也由农民、士绅、领主到国王逐步提高;从空灵物质的外壳、月亮、太阳再到行星；从天使合唱团、纯洁的灵魂，最后到达上帝的宝座。月球是充斥着改变——欲望、爱情、贪婪、腐败、多变、信任——的陆地世界与在那之上亘古不变的永恒世界的界限。看看月亮是如何阴晴圆缺，看看行星和恒星是如何坚守自己的道路倔强向前。明天、后天和大后天,月亮将会趋向消亡。它会滑过金星和木星身旁，将水星轻轻推到一边，只为了与太阳相见，然后它将在傍晚的天空中重新出现4天，“就像一把银弓，出现在天空”。今天上午行星排成一条线，这现象的壮观与优雅将消失无存。只剩下我们自己，月亮和我。因此我不会再早早起来，我会尽情享用我的晚餐，看着月亮在我身边渐渐变得圆满。

不久前，我读到了梭罗的一篇鲜为人知的关于月光的文章。一篇短小而充满诗意的作品，萦绕着昏暗薄暮与迷蒙烟雾。他的主题是：月光“与我们内在的光芒不相称”。如果整个世界是一座舞台，那么月光足够照亮我们在这个球体上演出的一幕幕喜剧。一夜又一夜，我们目睹着月亮的阴晴圆缺。我们能够在自己的思想里感觉到它的潮起潮落。在无眠的午夜时分，我们能感受到月亮轻柔的引力，从不受日光影响的深深的泥沼中汲取黑暗的思绪。日光的宏伟信心已经一去不复返了。月光下，我们是混乱的元素。世界也处于一片混沌。石头浮到空气中、火堆里、与大地重叠的水域中，空气爆炸成火焰。这个星球上生活着一群傻瓜。蜡烛匠假装自己成了国王。国王像猫一样咆哮。夜晚是一出月亮主持的剧中剧。离开我们的潜意识，《仲夏夜之梦》中的这些角色——木匠、工匠、编织者、修缮者、修补匠和裁缝就进入我们的脑海中，“没有受损，而是无序”。月光足以满足他们放纵狂欢。

※

1609年到1610年的冬天，也许就像伦敦环球剧场的演员在作者出席的情况下演出《仲夏夜之梦》一样，帕多瓦的伽利略将他的新望远镜转向了月球。他看到了（或者至少我们认为他看到了）墨黑的海水和闪耀的土地、海洋和大陆、晨光中膨胀的山峰，还有阴影中消失的山谷。他对月亮和地球的随意比较成为他后来在教会中所遇到的困境的根源。自古希腊时期以来，认为月亮与地球在本质上相同的想法一直是非常危险的，因为这对确定了人类的适当位置的宇宙等级制度而言是具有破坏性的。伽利略并没有因亵渎神明而畏缩。他说，地球“绝不能被排除在众星旋转的舞姿之外。我们将证明地球是一个比月球还要辉煌的、游离的个体，而不是充斥着无趣的垃圾的阴沟”。当伽利略放下他的望远镜时，宇宙的外壳被打破了，嵌套的水晶球碎裂了，宇宙被打开，延伸到无限远的远方。月球不是水晶球，也不是月亮女神戴安娜。月亮是另一个地球。或许，以一种更好的说法，地球是另一个月亮。上面的世界和下面的世界没有区别。大地和天空都受到相同的自然法则的约束，这些法则包含了变的规律，也包含了不变的规律。在伽利略观测了月球之后的一个世纪内，上百名作家想象了人们在月球、其他行星或者另外的太阳系中的行星上居住的场景。地球剧不是由月亮主持的“演出”，而是一幕剧中剧。可能，还会是剧中剧的剧中剧。

不久前，我读到盖伊·奥特威尔关于通过望远镜观测到的新月升起的描述。奥特威尔视野中放大的地平线是14千米外陡峭的山峰。月亮在空中升起，就像一座“山脉中新出现的失去光泽的银色山峰”。从望远镜中看，遥远的地平线上的树木都被放大到月球大小。如果坐在其中一棵树的树枝上，奥特威尔会写下这样的句子（让他的想象力遵从他在望远镜中所看到的事物）：“你在月球表面的广阔沙漠上向下看时会感到眩晕……就像有人在圣彼得大教堂的穹顶上盯着它的地板……你可以将硬币砸到环形山的坑洞里。”

奥特威尔描述的幻象如此令人震撼，如此引人注目，使我决定自己也做一次同样的观测。等待月亮升起没有问题，但寻找合适的地平线就需要花费一些时间。我花了几个月的时间才找到一处天空晴朗的地方，地平线足够遥远。时间是午夜前一个小时，月亮升起时不能是下弦月。我将望远镜指向了月亮会出现的那段地平线，一串山丘穿过黑暗的海湾。当月亮终于现身时，它覆着阴影的一侧首先升起。大约在这一侧升到远处山脊的顶部上方的一分钟之后，我才意识到它的出现。突然之间，山脊黑线上闪烁起光芒，好像在远处的山顶上开始了某种人类活动，例如异教徒的篝火晚会或火把节。而后，稍微弯曲的明暗交界处进入了视野，月亮表面呈现出了其亮面与暗面的分界线。那条线在我的视野中轻轻下垂，用金色光芒填满了我仪器的目镜。这是舞台布景的高潮部分，是适用于歌剧的戏剧技术展示。从地面竖直向上放射出了一排光线——不，不是竖直向上，而是向南倾斜，上升着离南方越来越近。我立刻就看到了月亮的中央高地，即东西两“海”之间的山区。就是那里！……在明暗交界线的凹陷处，在宁静海的东边边缘上。凹陷的边缘是明亮的阳光照射在月球上的巴尔干山脉和高加索山脉的山峰。蒸汽海从地平线离开，壮观的亚平宁山脉进入了视野，它们陡峭的东部侧翼捕捉到了太阳的全部光线。接下来，是一条由环形山列成的线——柏拉图、阿基米德、托勒密、第谷——它们的表面贫瘠枯萎、布满尘灰，自承受创世的暴力以来一直保持着满是疮痍的面目。我的视野已经离开阴影了，转而投向阳光灿烂的东部平原。地形变得不那么清晰了。我认出了巨大的、有着突出的中央峰的哥白尼环形山和年轻的、能放射出射线的开普勒环形山。这是月亮“潮湿”的一面——冷海、澄海、云海、风暴洋、露水湾——其实它们根本不是真正的海洋或海湾，而是尘土飞扬的沙漠，其阴影的形状就像是月亮上长了一张人脸。当月亮的整个圆盘最终从地平线上跳脱出来时，我瞥见了格里马尔迪环形山，它就如同一块黑色的斑点。这个时候正是月球的正午，如果你此时站在这个环形山里，抬头就可以看到太阳高高地悬在你头上。等等，月球上有没有伽利略环形山呢？我不记得了。

整个壮观的“表演”只持续了一分钟。月亮的升起似乎漫长而沉闷，但它在一分钟之内就结束了。望远镜以某种方式放缓了空间中运行的时间。月亮升起后，我把眼睛从望远镜移开，月亮突然缩成一个遥远的光点，时间加快。我想起了菲利普·锡德尼爵士的十四行诗中的一句话：迈着多么悲伤的步伐，哦，月亮，你爬上天空！

多么沉静、多么苍白的面容。”[1]十四行诗的意象与我刚刚所看到的情形并不相符。望远镜发明于锡德尼死后第25年，与他错过了四分之一个世纪。望远镜中的月亮没有悲伤的步伐或苍白的面庞。在我透过望远镜观察月亮升空的那个夜晚，她像神秘美丽的湖中女神从黑暗的水中展露容颜，像被施了魔法的泰坦尼亚从深沉的长眠中复苏而起。高贵、自信、金碧辉煌，让人着迷。

但其实月亮根本没有升起。事实上，月亮真实的空间运动与我所看到的正相反。是地球在运动。是我和地球一起越过地平线朝着月球的方向坠落而去，是我与山坡、望远镜以及远处的山丘一起朝着月球的方向翻滚，朝着早已让我见识过格里马尔迪环形山那温暖地面的新的一天翻滚。我的眼睛被欺骗了，月亮不会升起，而是地球在月球之下转动。不是太阳沿着黄道带旅行，而是地球在巨大的太阳轨道上旋转。宇宙并不像幼虫的水晶裹茧一样包裹着沉睡的地球，而是正如伽利略所猜测的那样，地球是一只长了翅膀的夜行生物。

1　节选自菲利普·锡德尼（Philip Sidney，1554—1586）的诗歌《月啊，迈着多么悲伤的步伐》（*With How Sad Steps, O Moon*）。

※

千万年来，月球的碎片一直像雨滴一样往地球上掉落。月球上的每个环形山都是遭受了小行星撞击而飞溅到太空中的月亮陨石留下的痕迹，这些陨石中有一些还溅落到了地球上。事实证明，南极冰盖是一个对飞溅的月球物质非常有效的收集器。从天而降的石头（一些来自月球，一些来自其他地方）落到冰封的陆地的中央高原上，它们被冰雪淹没，最终也成为不断生长的冰盖的一部分。冰从中央高原向外流入海岸，嵌入冰中的大气物质也随之流动。有些地方，冰进入大海会分裂成冰山，大块的南极冰漂浮在温暖的海水中。随着冰山融化，它们随身携带的从天而降的岩石就都沉落到了海底。但在其他某些地方，流动的冰盖会抬高海岸山脉。在这些地区背后的干燥风中，表面的冰会蒸发，这样，大气物质就留在了冰川表面，因此从天空落到冰上的一半大陆岩石都集中在了同一个地方。数百万年的陨石被冰和风聚集在一起，供地质学家收集。在那里，在南极山脉的背风处，地质学家弯腰捡拾着与宇航员从月球上带回来的成分相同的石头，这些岩石在小行星撞击月球表面后飞溅出来，穿越了空旷无垠的宇宙空间，被投掷到40万千米外的人类的控制范围内。它们不是绿色的奶酪，不是水晶，只是普通的岩石。玄武岩，黑色的、有花纹的、斑驳的玄武岩。也许，它们来自梦之湖，像硬币一样落到了地球上。

※

所以伽利略是对的。没有水晶球可以阻碍从天而降的硬币。今天早上我在草地上，乘着一颗行星，绕着轨道与另外八颗行星一起围着一颗黄色的恒星转动。九颗行星在宇宙这块黑色冰面上滑行，其中一颗用手臂挽着月亮。梭罗说，月光的黄昏是心灵天然的栖息地。

“可爱的月亮，我多谢你的灿灿金光。

板着脸孔的夜啊！漆黑的夜啊！

我的灵魂升到天堂。

太阳，收敛起光芒，

月亮，逃离这穹苍。”

17

仁慈、温和的地球

多年前的一个秋天的夜晚，我用望远镜对着天空观测。那时，我惊讶地看到远处有鹅的轮廓从月亮明亮的面孔前划过。在鸟儿向南迁徙的路途中能够恰好目睹它们映在月亮上的身影，似乎是一个非同寻常的巧合。这是夜晚送给我的一份私人礼物。我后来了解到，有组织的业余鸟类学家在无线电跟踪和借助雷达进行观测的技术发明之前，就是通过“观月”活动来研究鸟类的夜间迁徙。看来，我的月球鹅礼物并不是那么特别。

望远镜可以“伸缩”距离。我看到的月光映衬下的鹅离我只有几千米远，是距月亮的十万分之一，但是我强烈地感觉到，我把鸟儿赶到了遥远的外太空，它们扇动着翅膀，穿越了地球与其卫星之间的茫茫星海。为何不呢！安托万·德·圣·埃克苏佩里的小王子就是借助一群野生鸟类的迁徙才能从他的小行星来到地球的。何况，他也不是唯一一个把鸟类作为交通工具的太空旅行者。古代波斯的君主卡维·乌桑将四只老鹰固定在他的宝座上，让他能飞得比天使更高，直到老鹰疲惫不堪，让他“撞”回到了地球上。强大的猎人宁录试图攀爬巴别塔以登上天堂，失败之后他又尝试乘驾一只鸟飞往那里，结果同样没能成功。17世纪，神话屈服于理性和自然科学，但至少，人们依然将鸟类与载人航空旅行的任务联系在一起。弗朗西斯·培根和约翰·威尔金斯等学者甚至还认真讨论过如何利用鸟类协助人类飞行。

弗朗西斯·戈德温[1]在1638年出版的小说《月中人》中，描述了飞禽带着人类飞到了天空的顶点的情节。在戈德温的书中，一位名叫多明戈·冈萨雷斯的西班牙人将自己与一群野天鹅或灰雁绑在一起，借此实现了一次往返于月球的旅行。戈德温非常精通开普勒和伽利略的新物理学，他用这种方式告诉读者，当太空旅程行进到一个与地球相对的特定位置时，地球的引力就不再起作用了，连接旅行者与天鹅的线就会变得松弛。从那一刻起，这些鸟就会像水中的鱼一样移动得毫不费力，不必承受任何来自旅行者的负担。我们可以将太空之中的勇敢的多明戈全身上下各种状态看作一个整体。在离开地球的第12天，飞禽将多明戈放在了一座高高的月球山上，在那里他才开始注意到这新世界中令人难以置信的景象和色彩。不用怀疑，从月亮山上看到的奇迹正是像月球上空

1　弗朗西斯·戈德温（Francis Godwin，1562—1633），英国主教、历史学家。他创作了英语文学史上第一个太空遨游故事《月中人》（*Man in the Moon*）。这本书毫无科学性可言，但它激起了那个时代的许多人对太空飞行的兴趣，并且在早期的同类作品中最有影响力。

悬浮着的装饰物一般的蓝白色地球。至少，多明戈证实了哥白尼的一个关于地球运动的大胆猜想，因为他亲眼看到地球就在他的身下转动。

※

从太空中拍摄到的地球的照片是20世纪最美丽、最诱人的人工作品之一。一旦你看过这样的照片，就不可能认为地球不是一个球体，不是一个被黄色星球捕捉在轨道上的球体，不是一个被拴在巨大椭圆轨道上的、笼罩着斑驳云朵的球体。正如多明戈·冈萨雷斯所看到的那样，这些照片引发了人们对从月球上观望地球的想象。我也会把我自己带向那里，抱着这个目的观察地球。我的桌子上有一张月亮的地图，我在上面选择了一个有利的位置：就在位于宁静海和澄海之间的海峡，海拔3万米高的普林尼乌斯环形山的中央。这是一个舒适的、远离了危海和死湖附近的崎岖高地遮挡的地方。在黎明前最后的黑暗时刻，就让它成为普利纽斯环形山的夜晚吧。我感觉，月球上的日出来得很快。没有开场白，没有热烈的欢迎，没有泛红的黎明来宣示太阳的来临。太阳圆盘的边缘突然出现在地平线上，刀片般的光线割入阴影之中，山峰像灯塔一样燃烧。但对于习惯了地球日出的人来说，或许还有另一种感觉，人们会觉得月球上的日出很慢，慢得像数秒一样。月球自转的速度是地球的三十分之一。月球上的一天相当于地球上的一个月。地球上的日出只需要两分钟，而在月球上，从晨光熹微到整个太阳从某座环形山的边缘上探出身来，需要一个小时。

即使太阳升过头顶，从普林尼乌斯环形山上看到的天空也仍被地球主宰着，从月球看地球，是从地球上看月亮大小的四倍，也是从地球上看太阳大小的四倍。从月球上看，地球是静止的。它在月球天空中的固定位置是月球特殊轨道运动的必然结果。月球每个月自转一圈，而这正是它绕地球运行一周所需的时间。这不是巧合。地球和月球之间的潮汐力将月球拉入同步轨道，使其始终将同一面朝向地球。这种同步行为的另一体现则是地球在月球的天空中一动不动——月球上的观测者看不到地球的升起和降落。以我在普林尼乌斯环形山中央山峰上的所见而言，地球永远都位于月球的天顶附近。月球上的日出时分，地球只有稍微超过一半的部分能够被太阳照射。接受阳光沐浴的半球被涂上绚烂的色彩。我辨别出北极冰盖纯净冰雪的白色和亚洲大陆飞扬尘土的褐色。现在，白昼消逝，黑夜降临。南极洲被折叠在地球南部的曲线下方，澳大利亚隐藏在黑暗中。

太阳脱离环形山的边缘升至天空。它从地平线爬向天顶用了7天的时间。即使太阳高悬空中，天空也是黑色的。在没有空气的月亮上，太阳和星星即刻可见，它们一起爬到地球等待着的地方——它是正午的守护者。当太阳升起，地球会变成一个薄薄的新月形状，像一只疲倦的眼睛慢慢闭上，直到在它的黑夜里化成一个完整的黑眼圈。最后，太阳和地球在天顶附近并肩而立，就像展示在太空黑色衬布上的一枚闪亮的一角硬币和一块大大的英国便士。整个普林尼乌斯环形山都被照亮了。我的山峰如小岛般浮在一汪纯净的光线中。

阴影拉长了。太阳和星星离开地球，栖息在天空的顶点，慢慢滑向普林尼乌斯环形山西侧的边缘。现在，我毫不倦怠地等待着月亮上的日落。梦之湖与宁静海的海湾早已倚靠在黑暗中。位于危海和宁静海之间的高地上的梦沼也已没入夜晚。我的山峰北边和南边的宽广盆地中溢满了阴影。太阳触及环形山的边缘，缓缓下沉到它身后。地平线将太阳一口吞下，世界立刻坠入暗夜之中。

地球上巨大的猫头鹰目不转睛地看守着月球上的夜

晚，现在，它能发现这片阴影正在慢慢地扩大。我瞥见地球南方角落里南极冰盖将那新月喂得发胖，也窥见沉睡的大陆醒来，走入白昼之中。带有白云模糊指纹的蓝色太平洋，在阳光中将自己的大部分都转变成了亚洲棕色的土地。之后，澳大利亚、中国、印度、阿拉伯、非洲和欧洲，还有胖胖的蓝色S形的大西洋，它们手拉手排着队从黑暗中走出来。站在船头的南美洲载着北美洲也一起驶入白天。随着普林尼乌斯环形山度过了它的月夜，整个世界再次被日光唤醒。

地球从圆满变得亏缺。猫头鹰慢慢闭上了双眼。夜晚出现在这个星球的西边，我再次看到大陆从白昼滑落到黑暗中。当我们在月球上经历了29.5个地球日，太阳的圆盘会再次出现在环形山的东缘。新的一天开始了。地球，栖息在天空的顶端，像一只站在世界屋脊的猫头鹰，眨了一下眼。

※

有些高等动物在永夜中过着它们自己的生活。海参、鼠尾鳕、鮟鱇鱼和吞鳗栖息在深度超过1200米的海洋深渊，这远远超出了日光能够照射到的距离范围，因此这些生物只能以海水中每日每夜漂落下来的有机物质为食，这些食物来自一颗星的能量，像一场温柔的雨从黑暗中降下。昆虫、蜘蛛、小龙虾和蝾螈都是幽灵般的白色无眼生物，它们生活在幽深洞穴的绝对黑暗之中，所以它们的饮食就只能依靠偶尔经过的过客来获得——蝙蝠、鸟类和老鼠——它们往返于日光之中，留下粪便喂养这些动物。鼹鼠、蟋蟀、蚯蚓和蜈蚣在土壤的微小洞穴中觅食有机残渣。所有这些生物，虽然适应了黑暗，但也都是以能进行光合作用的植物为顶端的食物链的一部分。这条规则有一个例外。最近人们发现了在海底裂谷存在着热液喷口，那里居住着完全隔绝于阳光的动物群落。通过与地球熔化的上地幔接触而被加热的富含矿物质的水，从被拉开的地壳的裂缝中冒出来。从热水中沉淀出来的矿物质构成了宝石般的岩石的内部结构。在绝对的、纯粹的黑夜中，细菌、管虫、巨蛤还有白蟹生存于这些海面数千米之下烟雾弥漫的烟囱中，直接从地球的核心中汲取着能量，以此为食。避光生物是生命故事的倒退。它们是返祖生物，是辍学者，是仍然戴着看得见的过去的徽章的退化的进化者。鼹鼠在用来阻隔土壤的皮肤的不透明的皮瓣后面残留着退化的眼睛。在洞穴中居住的小龙虾已经失去了所有与眼睛有关的痕迹，但依然保留了眼柄。盲目蝾螈头部两侧的色素斑所在的位置正是它们的祖先曾拥有眼睛的位置。这都是逆进化而行的现象。但光明始终代表了未来。我头上的这双眼睛是进化中的增强器，是地球用于自我检验的装置。将我大脑的神经通路进行编码的，是一个悬浮在黑夜中的蓝白色球体的形象，它在自己圆锥形的阴影中旋转，像月亮一样阴晴圆缺。它是一团聚集在铁芯上的顽固尘埃，被海水浸湿，被雾化的挥发物覆盖，被光敏薄膜与发光的有机物质包裹。

从月球上看，地球黑暗的一侧被反射的月光微微照亮。但地球也因自身的暗淡光芒而闪耀：萤火虫，发冷光的毒蕈和闪光鱼，会发光的浮游生物和细菌，微光闪烁的植物和动物，它们辐射出冷调的生物光，结合了氧气的蛋白质产生的光线比任何一颗恒星的光都要精致明亮。远东的某种真菌由于自身的光芒过于闪亮而使人从很远的地方就可以看到它们。“巨口”鲨的嘴唇上排布着数百个微小的光点，像挂在露天市场中的灯泡一样跳动闪烁，从而诱惑浮游生物向它大张着的口中自投罗网。有一些海星一旦受到威胁，就会主动脱落一只发光的手臂以分散攻击者的注意力。东南亚的同步发光萤种群中的雄性萤火虫每天晚上都会聚集在特殊的树上，一起闪烁它们尾部的微弱光芒。一开始各自都非常随意，之后逐渐同步，直到最后整棵树因所有的昆虫步调一致而闪耀，成为雄性昆虫为吸引周围几千米范围内异性而设置的明亮信标。如果地球上所有的光线制造者，不论是微观的还是宏观的，海洋的还是陆地的，都可以像同步发光萤一样以同样的频率闪烁光芒，一起眨眼，那么谁能说，从月球上看地球不会像一股鬼火，一颗生物行星，一盏在夜晚燃烧的南瓜灯，要求被人看到。

※

“我认为，探究上帝的形象和形式，”罗马自然历史学家老普林尼[1]写道，“是人类软弱的标志。无论上帝是什么，无论他在哪里，他都代表着所有的感受、所有的视觉、所有的听觉、所有的生命、所有的思想，所有的这一切都存在于他的自身之中。”老普林尼在其文字中对上帝形

1 盖乌斯·普林尼·塞孔都斯（Gaius Plinius Secundus，公元23或24—79），古罗马百科全书式的作家、博物学者，以《自然史》一书留名后世。其外甥为小普林尼。

象和形式的描述尽可能地小心翼翼，尽量不去限制人们的想象。存在的一切都是他研究的主题。这些感官中没有一种会被忽视。对这个世界的视觉、嗅觉、味觉、听觉和触觉是平等的，都是对地球神性的珍贵启示的一部分。老普林尼将这些神圣的琐事构建成了37卷自然历史文献。第一卷，序言，献给古罗马皇帝提图斯·维斯帕先；第二卷的内容关于世界、元素和天体的形象；第三卷、第四卷、第五卷和第六卷都是对地理现象及知识的记载；第七卷的主要内容在于人类的发明；其余的卷目内容涉猎哺乳动物、鱼类、鸟类、昆虫、植物、药物、矿物质和宝石等领域。在这之中没有被沙海覆盖的绿洲，没有畅游在遥远海域中的鱼，没有洞穴、山泉、鹅卵石或岩石，这些超出了老普林尼的兴趣范围。在老普林尼的《自然史》中，地球在我们面前转动，好像我们正从月亮上看到地球展露出白昼与黑夜、海洋和陆地、沙漠和苔原，大地、水、空气和火焰逐一排列在我们面前那座上升的楼梯上，向月球延伸，向燃着神圣火焰的普林尼乌斯环形山的中央峰顶延伸，这是对平静与安宁的祭献。

如果老普林尼站在以他的名字命名的月球山上，看到地球悬挂在天顶之上，像是一盏悬挂在万神殿黑暗穹顶的明灯——它将在整个月亮日一直悬挂在那里，在夜晚的圆锥形帽子中转动30次，神圣而雄伟——那美妙的景象只会向他证实世界的神性。老普林尼的地球之歌是他《自然史》一书中最美丽的段落之一。“她在我们出生时接受了我们，”他写道，“自我们降生起就滋养着我们，而后也支持着我们；最后，当我们被大自然的其他部分拒绝时，她还能拥抱我们，并用一种特殊的温柔抚慰我们。”大地、水、空气和火，在夜晚发着光；上帝的眼睛盯着圣殿的顶点，警惕而安慰。老普林尼继续道：“倾盆大雨，凝结成冰雹，涌入河道，积淀成为洪流；空气汇集成云层，咆哮着卷动飓风；但还有地球，亲切、温和、包容，一如既往，照顾着凡人的需要。”

18

等待彗星

“向天使赞颂这个世界吧。”诗人赖内·马利亚·里尔克在《杜伊诺哀歌之九》中说，“而非那些不可言说的世界。对他说些重要的吧。”顺其自然吧。当我们希望能够肯定地谈论阿尔法（α）和奥米伽（Ω）的时候，时间已经流逝了。空间和时间的存在已经超出了我们的语言所能表达的范畴。星系从言语的悬崖上坠落。也许，正如里尔克所说，我们在这里只说：房子、桥梁、喷泉、门。这就够了。看，天使说，这是一栋房子。“房子。”我重复着，赞扬着。还有一座桥。“桥。”我说。还有一座喷泉。“喷泉。”和一扇门。“门。”

天使说：“这，是一颗彗星。”

※

1948年，哈雷彗星在它长长的椭圆形轨道上的某个黑色角落里转动，那里甚至远远地超出了海王星轨道的范围。天文学家无法对其进行观测，只能对这颗看不到的彗星进行理论计算与数据记录。从这些资料来看，它倾向于朝向太阳运动，诗人泰德·休斯在诗句中对其进行描述道：“就像在太空薄冰上的溜冰者。”1982年10月，一支由加州理工大学的天文学家组成的团队，使用了安装在帕洛马山上的200英寸（约5米）口径望远镜主焦点上的“广角行星相机电荷耦合器件”，捕捉到了哈雷彗星回归的身影。那时，哈雷彗星离地球16亿千米，正在朝太阳径直飞来。正如我写过的，这颗彗星以全速穿过土星的轨道，但对肉眼而言依然是不可见的，它像幽灵一样出没于小犬座和猎户座之间的黑暗空间中。等到1985年至1986年的冬天，它将在傍晚的天空中甩动它白色的尾巴，向太阳直冲而去，再拖着沉重的身体爬回太阳系边缘的昏暗阁楼。

哈雷彗星每76年回归一次。这次的亮度和上次一样，都略显暗淡。1910年它与地球擦肩而过，向地球人展示了它闪耀璀璨的头部和横扫天际的尾巴的完整轮廓。然而，到了1986年，地球将处于其轨道的错误一侧，让我们看不到彗星的侧面。因此，即便哈雷彗星如约出现，也并不能保证它会重复过去的壮观表演，甚至有可能它那时的明亮程度还比不过近年来观测到的其他彗星。但哈雷彗星的每一次探访都必定引起人们的兴趣。它是唯一一颗绕轨运行周期不足一个世纪的明亮彗星（例如，科胡特克彗星在8万年之内不会再次回归）。牛顿的朋友爱德蒙·哈雷爵士预测了哈雷彗星的再现。哈雷依靠牛顿的万有引力理论，猜测1682年出现过的明亮彗星将在1758年末再次现身。这位天文学家没能活着见证他的预测。在1758年圣诞节那天，当名为约翰·帕利奇的德国农民利用一台小型望远镜重新发现这颗彗星时，牛顿的理论，以及哈雷的预测，都得到了关键性的证实。我们现在知道，哈雷彗星与1066年刺绣在著名的贝叶挂毯上的彗星是同一颗，象征着上帝对威廉征服英格兰的神谕。因此，在君士坦丁堡沦为土耳其人的领地之后不久，当这颗彗星于1456年出现时，欧洲人感到非常害怕。而在218年，它是在罗马皇帝马克里努斯死亡之前现身的“可怕的火焰之星”。如此，已经有学者尝试将哈雷彗星与公元前12世纪的“幽灵”彗星联系起来，更有甚者认为哈雷彗星就是耶稣降生时出现的伯利恒之星。

在牛顿的理论和哈雷的成功预测出现之前，彗星似乎总是在人们意料之外的时刻突然出现，这让它们成为预兆和奇迹的象征。今天，彗星的可精确预测性使它的出现变得更像是为了满足人们的好奇心。马克·吐温出生于1835年哈雷彗星到访的期间。他说他伴着彗星而来，也该伴着彗星离开。结果就在马克·吐温去世的1910年，如他所愿，哈雷彗星真的再次绕过太阳出现在我们的夜空之中。这是一个好故事，这是关于吐温的降生与死亡的故事。毕竟，彗星的降临是出生的好时机，也是死亡的好时机，而76年已经足以成就一段可敬的生命。我的父亲出生在马克·吐温去世那年，也正是哈雷彗星到访的期间。他无法将他的生命跨度与彗星的运行周期相匹配，但是我将在1986年代替他完成这项宿命。当哈雷彗星划破夜空，向太阳直冲而去时，彗星会如过山车一般在椭圆形的轨道上呼啸而过，只散落一片尖叫。

※

首先，我们有科胡特克彗星。1973年3月，在德国汉堡天文台工作的卢波什·科胡特克在相片底片上发现了两颗光芒微弱的彗星。其中一颗彗星处于非常接近太阳的轨道上。因此它似乎注定会非常明亮，也许会像金星那样明亮。这是第一次有潜在的发光彗星在到达近日点之前许久就被发现的事例。不出意外，科胡特克彗星受到社会各界的广泛关注。报纸大肆宣传它即将到来的消息。关于彗星的书籍出现在报刊亭里。唯恐天下不乱的怪人们在公共场所分发有关世界末日的传单。富兰克林铸币厂用纯银制造印有“一生一次”字样的纪念币。

最漂亮的邮轮QE2出售“彗星巡航”活动的船票，其中额外包括科学家的演讲和望远镜的使用讲解。每个人似乎都想要采取行动来和这颗彗星沾上些什么关系。毕竟1973年是发生了水门事件和副总统斯皮罗·阿格纽贪污丑闻的一年，民族信心跌落到了最低点。我们会让科胡特克成为一颗美国彗星，而当它出现时将用闪耀的光芒盈满夜空，让人们感到好像走在圣诞节期间布满彩灯的街头一样。彗星光彩照人地到访，头部和尾部就像是留给美国的一个令人眼花缭乱的惊叹号。它可不是那些天文学家每年能发现半打的暗弱小彗星之一，它是能引爆天空烟火的洲际弹道导弹，是圣诞节期间在黄金时段播出的特别节目，是我们的最盛大的橄榄球赛事“超级碗”。

然而，令人费解的是，这颗彗星未能达到预期的亮度。它可能是第一次接近我们的太阳，这是它的处女航，亮度早已被太阳风刮散了。在12月中旬精致的深蓝色曙光中，科胡特克彗星与我们玩起了捉迷藏。我用双筒望远镜追逐它，但也仅仅是瞥见了一眼而已。1月初，科胡特克彗星在太阳旁边安静地滑行，再次现身在傍晚淡粉色的天空中。用双筒望远镜来看，它只是一块模糊不清的光斑，外表酷似仙女星系的双胞胎。随着时间推移，它慢慢攀上西部地平线上那棵松树，在金星与木星交会的时刻缓缓越过这两颗相互依偎的美丽行星的身侧。它继续滑行着，直到这个月快结束的时候，它终于得以与细长的新月在夜空中相会。科胡特克彗星的到访也是一种暗示与象征。出版商和邮轮企业家都很失望。但科胡特克是一颗完美的彗星，如同所有完美的事物一样，它不会如我们所希望的那样，而是以它原本的模样来被我们感知。

※

“……当我说‘我语言的局限，就是我世界的局限’，你笑了。我们整晚都在交谈，用舌头、用指尖、用牙齿。”[1] 这是罗伯特·哈斯的诗句。舌头、指尖和牙齿！这是彗星的语言，沉默的夜间低语，讲述着黎明和黄昏。这是以淡淡的光线作为语法的语言，它沿着椭圆轨道滑行，收集引力，在太阳风中飘散。这是爱人间的颔首，是差别细微的语言，延伸着我们的世界。

---

1 节选自罗伯特·哈斯（Robert Hass，1941— ）的诗歌《春天》（*Spring*）。罗伯特·哈斯，美国诗人，其诗歌《时间与物质》（*Time and Materials*）于 2008 年获得普利策奖。

1976年3月并不像羊羔那样温驯地前来。相反，它如雄狮般狂怒，挟着雪、冰和冰雹席卷而来。而远在狮鬃般厚重云层之外的某个地方，威斯特彗星就存在于那里。这颗彗星是1975年年底由理查德·威斯特在智利制造的相片底板上发现的，当时这颗彗星仍然无法直接以肉眼观测到。从一开始就可以很明显地看出，威斯特彗星要比科胡特克彗星更明亮，甚至也许是20世纪最明亮的彗星之一。但媒体并没有对此进行宣传，社会各界也没有表现出过多的关注。在科胡特克彗星身上吃过亏的企业家们一朝被蛇咬，十年怕井绳。到了3月3日，这颗彗星应该已经越过了太阳，北半球的观察者应该仅凭裸眼就可以目睹它的真容。但是这个星期每天都是阴云密布，随着时间流逝，我们很可能会完全错过这颗彗星。在云层后面，威斯特彗星继续沿着它的抛物线行进，像瞪羚一样轻蔑地晃动它的尾巴，因为它知道它的速度会比狮子还快。

在3月5日的日光中，云层融化了，雪地在阳光下短暂地烧灼。我抬起头，知道威斯特彗星就在那里，它迷失在阳光下，微弱的光芒无法与我们这颗暴怒的恒星相匹敌。之后，再一次地，云加入进来。我等待着，一天、两天、三天，我终于等来一个晴朗的黎明。3月8日早上5点，我在后院架起双筒望远镜。东部只有几缕散乱的云。我扫视地平线，没有彗星。不情愿地，我确定威斯特彗星太过暗弱，甚至可能比科胡特克彗星更暗淡，以至于无法用双筒望远镜观测到。随后，当我即将放弃这次搜寻的时候，视线中一朵小小的云飘向南方。那就是威斯特彗星，它如同一颗一等星闪耀夜空，轻而易举地滑进了肉眼可见的范围中。看上去它确实就是一颗彗星，样子就和在教科书中的照片上呈现的一样。长长的尾巴自地平线起延伸3到4度。这颗彗星比我期盼之中还要明亮得多，它是一个异常美丽的天体。我就站在冰冷的庭院里看着它，直到黎明的粉蓝色辉光淹没了彗星的光芒。

“心灵尽头的棕榈，”华莱士·史蒂文斯的一首诗歌是这样开头的，“超越最后的思想，升起，在青铜色的布景中。”[1]威斯特彗星是心灵尽头的那棵棕榈，是智力不自觉转向的直觉。威斯特彗星，像是转瞬即逝的想法，也像溶解在梦境边缘的黑暗中的善变的想象，巧妙地逃避着，溜过清晨的天空。它是史蒂文斯诗中的黄金鸟，在

1　节选自华莱士·史蒂文斯的诗歌《纯粹的存在》（*Of Mere Being*）。

空间边缘的棕榈枝头纵声歌唱，它的羽毛闪闪发光，火焰从上面垂落下来。

1976年3月12日的夜晚，天气晴朗而寒冷。我知道，在我上床睡觉之后，第二天将会以在黑如石板的地平线上降临的黎明为开端。我也知道这可能是我最后一次看到威斯特彗星的机会，现在，它正从太阳全速出发，追逐着自己长长的尾巴。然而，当闹表响起时，我只是把它关掉，再次进入梦乡。我会为自己的懒惰而后悔。后来我的学生告诉我，那天早晨的彗星比以往任何时候都更明亮，彗尾都更长，在绝佳的晴朗黎明中向着群星延伸，光芒四射，闪烁耀眼。

※

威斯特彗星的回归周期为15000年。它上一次回到这里时，我们的克鲁马努人祖先还蜷缩在洞穴中，躲避着冷峻的冰河时代的威胁。威斯特彗星的轨道到太阳的距离是冥王星的40倍。从它在远地点接近于静止的慵懒状态来看，太阳对它的影响似乎并不比任何其他恒星更加突出。彗星运转到了看不到太阳的遥远极点，只有星光为它照亮。

彗星被称为“肮脏的雪球”，这是一种对大量冷冻水、二氧化碳、氨、甲烷和尘埃的混合物的粗野比喻。组成彗星的物质与组成生命的物质相同。把一个彗星加热，在它附近打燃火花，它就会膨胀起来，表面像蚁冢一样出现许多细小的孔洞。它会用尽生命爬行，直到变得像一只烂瓜。彗星的组成物质和构成我们身体的成分一样，而彗星在地球上空那短暂、可预测的出现则是我们想象力运作的结果。我们将语言扭曲延伸，包围住它。

彗星起源于一个由挥发性物质构成的包围着太阳系的球体云团，即所谓的奥尔特云。在云团的外层有着数十亿颗彗星朝向太阳蓄势待发。一旦某颗彗星进入太阳系内部，开始周期性地沿绕日轨道运行，它最终必将被吹散、蒸发。彗星尾巴的出现意味着彗星的体积正在逐渐减小，因为彗尾是彗星逆着阳光的方向所释放的物质。每次展现出这样的身姿，哈雷彗星都会比之前更加枯萎。但是，还有另外数十亿颗彗星做好了准备，等待着未来的光明之旅。“有一种更高级的神秘感，”D. H. 劳伦斯说，“它不会使心灵之花凋零。'更高级的神秘感，还是一个较

1　节选自D. H. 劳伦斯（David Herbert Lawrence，1885—1930）的小说《查泰莱夫人的情人》（*Lady Chatterley's Lover*）。

低级的谜团？语言、土壤、种子中的神秘感，还是甚至现在还在小犬座和猎户座之间的黑暗空间中无形移动的神秘面纱？很快它将经过昴星团。我们等待着哈雷彗星，等待着这个大家伙。它是房子，是桥梁，是喷泉，是门。向天使赞颂这个世界吧，对他说些重要的事吧。舌头、指尖和牙齿。

19

慢慢的黑暗

昨天深夜，我走到位于马萨诸塞州的家附近的奎塞特小溪的木板桥上。天空黑暗又清澈，在这种如此接近大城市的地方，我们几乎看不到比这更加黑暗清澈的夜晚。在桥下流淌着的黑色溪水中，我看到了一道闪烁的光线，它似乎来自溪流深处，就像吉卜赛人的水晶球中跳动的火花。有那么一刻，我在脑海中思考着光线可能的来源——一种能反射光的石英粒子，或许也可能是一种微小的发冷光的植物或动物。然后，突然间，我知道我所看到的是什么了。它是倒映在奎塞特溪水中的五车二，悬挂于当前天顶上的一颗非常明亮的恒星。所以，恒星也在水中流动着。溪流似乎有几光年深。桥下面是另一个宇宙，正在黑暗的水中流淌。在溪流中旋转的星系就像石蚕虫卵。恒星星云与蜻蜓若虫相互做伴。蚊子的幼虫靠吞食新星的尘埃为生。

如此明亮的夜晚！没有月亮，甚至没有行星争抢天空中最微弱的星光。仙女座的恒星仍然悬挂在西边高空。我在群星的模糊斑点中寻找仙女星系——它在《梅西耶星表》中的编号为M31，我只在条件最好的夜晚以肉眼见到过它。我很快就发现了它，就在仙后座恒星奎宿九的北边、王良四的南边。仙女星系，银河系的伴侣，飘浮在星空之外。我所看到的并不是真正的光源，它更像是滴落在玻璃窗上的雨滴。在我看来，今夜是用望远镜观测星系的绝佳机会，即使仅凭裸眼也可以轻而易举地看到伟大的仙女星系——M31。风车星系、三角座星系和位于双鱼座很暗很暗的旋涡星系M74也都在它的附近。大熊座和狮子座在东部升起，几个小时之内，它们就会因为地球的自转而移动到适合观测的位置。我走到学校，打开了天文台圆顶的天窗。

※

“小东西们，再靠近些！”这是西奥多·罗特克的一行诗句，我在这本书中已经不止一次引用过这首诗。在我看来，这句话对夜晚的探索者来说是再合适不过的祈祷语。夜晚所使用的语言，就像伯纳德在弗吉尼亚·伍尔芙的《海浪》中所渴望的那种语言一样，只寥寥几个音节就能表达丰富的含义：“这种语言，就像是情人之间使用的语言，破碎的词语，难以理解的词汇，如同人行道上拖曳的脚步声。”我经常向朋友和学生们展示仙女星系。他们有时会对在望远镜的目镜中看到的朦胧光团表现出失望的惊讶。或许他们对一个叫作“大星系”的物体抱有过多的期待，或者他们可能已经看到经过天文台长时间曝光处理的仙女星系的照片，所以才对“现实生活中”的星系不像10寸照片上显示的那样清晰而感到失望。用望远镜观测深邃的天空意味着聆听遥远的呐喊，那传入耳中的微弱声音，那被数光年的距离压抑、打断，模糊不清的声音，梦中萦绕的声音，耳畔的低语，甜蜜得不知所云。“靠近点儿，你们这些小东西！”我将14英寸星特朗望远镜指向仙女座。

仙女星系是所有旋涡星系中距离我们最近、最明亮的星系，位于银河系之外200万光年的地方。昨晚，在望远镜中，一道达到了2度或3度的暗淡椭圆形光线围绕着明亮的核心划过天空。我很少看到比这个夜晚所展现出的更加壮观的仙女星系。想看到三角座M33螺旋星系就更加困难了。我选择了一个广角低功率的目镜来观测这个微小的星座，对着黑暗的夜空进行细微调整以求尽快找到能宣告这个星系现身的迹象。我花了相当长的时间才找到了我想要的东西，可一旦找到，它就能很容易地保留在我的视野里。三角座星系中可能存在着100亿个太阳，在黑夜中流动着，如同黑色溪水中映出的群星倒影。双鱼座的M74是另一个正面朝向我们的旋涡星系，天文台为它拍摄的照片显示出它的外表看起来就像是两条由明亮恒星组成的旋臂紧紧地环绕在一起。早先的经验告诉我，找到这个独一无二的观测对象将是当夜的一大挑战。我的望远镜从双鱼座主星右更二开始观测，然后将目镜侧向移动，滑进将右更二与白羊座的恒星娄宿一分隔开的黑暗深渊。我相信我看到了M74，它轻声低语，它如此透明，只有照片才能证明它真的存在。

现在我把天文台的圆顶转过来，面对正从东北方升起的北斗七星。一如既往，我轻而易举地找到了M81和M82这两个最显眼的星系。它们是一对发着白光的椭圆形，一个胖，一个瘦。如果想要看到悬于北斗七星的勺柄末端的风车星系M101则需要更多时间，它的光亮对黑暗的削弱几乎是不可察觉的。但是，那夜在猎犬座附近探寻到的涡状星系是我记忆中观测到的状态最好的一次。在望远镜中看起来它的边界清晰而明确，带着一条极细的螺旋状手臂，还有一朵清晰可辨的、挂在它尾巴上向下悬垂的伴星云。我昨晚还看到了其他星系，其他遥远而模糊的光斑，其他比想象中还要多的旋涡星系，其他超出了我的语言和认知的宇宙的暗示。所有的星系，除了离我们最近的那些，都在离我远去。它们在黑暗中奔跑，延伸着逐渐暗淡的光芒，将夜晚染得更黑，将宇宙拉扯得像太妃糖一样薄。宇宙正在扩张！位于猎犬座的涡状星系距离我们有3500万光年，而且还在以每秒550千米的速度远离银河系。今晚，这个星系比昨晚距离我们又远了5000万千米。这是星系规模的微小膨胀，是充满耐心、不可阻挡、最终却会精疲力竭的微小膨胀。

※

现在，天文学家普遍认为宇宙过去与未来的演变是由宇宙大爆炸最初的几个瞬间确定的。是的，莪默·伽亚谟在《鲁拜集》中写道："云山沧海何年尽，都在鸿蒙纸上书。"[1] 140亿年前，一场至关重要的大爆炸造就了今天存在的一切——空间、时间、物质、星系和恒星。从那一刻起，宇宙的命运就已经注定了。然而，天文学家并不确定未来的宇宙那未完成的命运是怎样的。有一种可能性，宇宙将永远地继续膨胀下去，无限地稀释物质和能量的密度，黑暗增加，最终仅剩的一点微弱的光芒也会熄灭。还有另一种可能性，引力作用将减缓并最终阻

1　引自黄克孙译本，台北启明书局，1956年版。

止目前正在进行的膨胀，将宇宙拉回到一起，回到宇宙初期无限致密的创世火球状态，就像干燥的骨头。干燥的骨头在噪声和骚动中聚集在一起，每一块都与在它之上的新鲜血肉紧密相连。

原则上，应该很容易确定宇宙将终结于永恒的夜晚或是单调的正午，那个时候物质究竟会无限稀疏散布，还是会在宇宙大爆炸的闪光中重生。如果宇宙目前的平均密度大于每立方米空间3个质子，那么引力终将占领上风，宇宙将朝着它最初的样子开始倒退。可是，如果当前宇宙的平均密度小于这个临界值，那么这种膨胀将会永远持续下去。目前我们对宇宙平均密度的估算远低于临界密度。但是这些数值是基于对发光物质的计算结果，即对可见恒星的质量和可见星系中明亮星云的累积的计算。如果不发光物质占宇宙质量的主要部分，那么，平均密度的估计值可能会大得离谱。天文学家们已经开始怀疑宇宙质量的很大一部分实际上可能巧妙地将自己隐藏得严严实实，在和我们玩着捉迷藏的游戏，它们可能存在于黑洞、死星、亚恒星天体或者巨人的中微子中，或许还会隐藏在一些我们无法想象的暗物质中。这个问题尚未解决。死于烈焰或是葬身冰川？光芒炫目或是置身黑暗？震耳轰鸣或是耳畔呜咽？至少现在我们还可以做出选择。让我们首先考虑第二个选项。目前，通过宇宙中物质的扩散，似乎有两个选项更有可能造成宇宙的死亡。星系彼此疾速远离，牵引它们的引力可能太弱，不足以阻止它们慢慢滑入黑暗。涡状星系与银河系的距离将在200亿年后增加一倍。但是地球上的人们不会在星光璀璨的冬夜去寻找那些微弱的光芒。到那时，太阳将因能量耗尽而死去，它会因死亡的阵痛而急剧膨胀，直到成为一颗红巨星。烧焦的地球将被冻结在黑暗中，变成一块躺在围绕着已熄灭的恒星的轨道上的死气沉沉的岩石。在几十万亿年内，星系中的所有恒星都会因耗尽其能量资源而失去生命力。夜晚的灯光将不再闪耀。黑暗的恒星物质组成的星系将冰冷地、幽灵般地在黑暗中旋绕。这个过程将会经历数千万亿年，死亡星系中四处游逛的死星将会相遇，引力不再对它们有任何约束。偶尔，如果相遇的两颗恒星靠得足够接近，造成的碰撞会将其中一颗抛出它原本属于的星系，如此，这个星系将慢慢失去它的成员恒星。星系的蒸发！在一个星系中十之八九的质量都蒸发掉之后，重力将把剩下的所有物质都吸引到一个巨大的中央黑洞中。经过1亿亿年，旋涡星系的世界将被一群超大质量黑洞和无限空间中独立的非发光恒星所取代。再经过数十亿亿亿年，构成死亡恒星物质的质子将开始衰变，流浪的非发光恒星构成的宇宙将瓦解成一种充斥着电子和正电子的稀薄气体，恒星自发地拆解，分散自身的物质。最后，巨大的黑洞将成为星系中仅剩的残留，它们的物质也会通过量子蒸发慢慢流失。再经过10^{10}个年头，宇宙将成为一种弥漫着电子、正电子、中微子和光子的极端扩散的气体，飘散得越来越远。创世的烛火熄灭，灯芯在指尖碾碎，烟尘被风吹散。

上述场景中，宇宙在寒冷和黑暗中迎来结局，其密度接近于零，物质如幽灵般缥缈无踪。但是，如果宇宙中存在足够多的隐藏物质，以至于能提供足够最终将宇宙中的物质重新拉回到一起的引力，那么又会怎样呢？在接下去的1000亿年里，宇宙将继续扩张，但速度会越来越慢，直到最终由于速度的限制而达到平衡状态，就像一个球被抛向空中，然后瞬间停留在它的轨道顶端。当星系一起开始回落时，它们的内部成员将变成死星和超大质量黑洞。一开始，宇宙将缓慢收缩，但速度会逐渐加快。在宇宙最终收紧之前的140亿年，宇宙将回缩到一个能量密度与今天相同的状态。光的光子会从它们的回落中获得能量，宇宙会升温。在危机爆发之前的100万年，高能光子会将星际氢分解为质子和电子。在危机爆发前1年，恒星会分裂并爆炸。大约在同一时间，作为星系坍塌的核心的超大质量的黑洞将开始碰撞合并。它们会吞并散布在周围的弥散物质。多个黑洞最终将合并成一个与宇宙本身共同延伸的黑洞，一个朝着无限密度和无限微小的状态继续收缩的黑洞。整个宇宙收缩到一个针头的大小，收缩到一个大头针的针尖大小，收缩到一个原子的大小。宇宙的收缩没有限制，就像是把恒星和星系从排水管冲走，再把排水管本身也拉扯下去。

现在物理的方程式崩溃了，理论的水晶球暗淡了。也许这就是故事的结局。也许宇宙会从无限密集的状态反弹，开始另一次扩张，另一次大爆炸，伴随着新的恒星、新的星系与新的星夜的出现，重复创世的过程。或者，也许我们的宇宙只是众多宇宙泡泡中的一个，膨胀与爆裂，膨胀与坍塌，存在于无限个泡泡矩阵中的一个泡泡，从时空的组织结构中迸发出来，就好像伴随着嗞嗞声，香槟冲开软木塞，泡沫四处喷溅。

※

“我站在微火旁

细数缕缕火焰，我看着

光如何在墙上移动。我仍然保持沉默。

我在傍晚的空气中看到，

黑暗如何慢慢降临到我们身上。”

这同样是来自罗特克的诗句，辞藻跳动，正如缕缕火焰。星星倒映在溪水里，星系是望远镜目镜中模糊的光团污迹，阴影映上墙壁。一种轻声细语的语言，就像人行道上拖曳的脚步声，低声耳语。几周前，我在莫尔斯池塘附近的树林里散步。突然间，我被砰砰的声音包围，就好像捏爆米花糖发出的那种声响，就像从晴朗的天空降下冰雹打在树枝上。那是金缕梅，最引人注目的一种树。它的花期在11月，与季节不相符，小小的金色花朵像爆米花一样在灰色树枝上盛放，为阴沉的月份增添了香气和色彩。满地落叶的林地仿佛已经为这个季节画上了句点，但在这里，生命依然鲜活，还在欢快地嘎嘎作响。生命像恒星一样爆炸，黄色的花朵星系般盘旋，无法抑制地展现着蓬勃又旺盛的生命力。

我昨晚在仙女星系和大熊星座的黑暗空间中搜寻到的那些光斑，那些倒映在黑夜的池塘中的星河，并不是如同被遗弃的石头般，了无生气的、被遗忘了的星系。它们肯定会噼里啪啦地蹦蹦跳跳。物质燃烧着生命的火焰，无处不在。星星裹在绿色的光环中闪闪发光。行星喷发出孢子。星系大口呼吸。旋涡星系和风车星系像用来祈祷的转经筒般旋转不停。仙女星系是一艘载着成双成对的各种生物驶向美好夜晚的方舟。宇宙的命运就是生命的命运。

耶和华让以西结剃掉头发，把三分之一扔进火中燃烧，三分之一切割成小段，另外三分之一撒进空中随风飘散。但是他将一小部分的头发绑在了斗篷的下摆上，作为以色列的信念。就这样，三分之一的星系将被火烧掉，三分之一将被切成碎片，另外三分之一将随风飘散。宇宙将终结于烈焰或黑暗。恒星将像火山喷发后的雨水一样蒸腾消散。星系会崩塌扭曲成沉重的死结。而我们只是发丝，被缝在斗篷的下摆。

20

飞鸟与鱼

“羁鸟恋旧林，池鱼思故渊。”生活在4世纪的中国诗人陶渊明离开了城市，隐居于南边荒野中的茅草屋里，屋前桃李满园，屋后榆柳荫盖着房檐。夏天的夜晚，他也许会看到银河从东边的树篱上缓缓升起。树篱背后，在5000亿颗恒星的幽幽光线下，淡白的菊花正在盛放。

陶渊明生于晋朝一个颇有威望的家庭。他的曾祖父做过荆州刺史，被封为长沙郡公，父亲和祖父都是朝廷的官员。陶渊明自己的职业生涯也起步于行政部门的文职工作，但是他很快就厌倦了官僚机构的虚伪和圈套。他向上级汇报工作的时候拒绝系上象征官员身份的腰带，不愿意为了五斗米的俸禄向他人卑躬屈膝。33岁时，陶渊明的生活跌入谷底，他开始寻找心目中的“瓦尔登湖”。像梭罗一样，陶渊明在“人境”建造了自己的“草庐”，车马的喧嚣并没有对他造成困扰。“心远地自偏。”他写道。

陶渊明隐居在长江南岸的庐山，在这个纬度上，仲夏时节，东方的地平线上横陈着银河的银道面。地球向东自转，大地陷入黑夜，云团一般的银河从遥远天际线上渐渐升起。夏天的夜晚，陶渊明可以在他的树篱上看见银河系中心部分最充沛的璀璨星河，从北边的天鹅座，一直延伸到南边的天蝎座。或许，陶渊明的诗中描绘的场景其实来自天上的银河渡口和东方的苍龙星象，他笔下的菊花可能只能盛开在银河的灿烂星光里。

从庐山脚下到瓦尔登湖畔相距将近2万千米，但若利用天上银白色的星河拱桥，只一步就可跨越这段距离。在陶渊明身后1500年，梭罗在夏夜所看到的升起的银河，正如当年陶渊明见到的那样——同样模糊的恒星，同样的星座特征。中国南方荒村的诗人和美国康科德市的自然主义者，在他们共同拥有的银河系中毗邻而居：两颗遥远的心，同一片荒野。地球就是他们的隐居之所，周围环绕着群星的旷野。

※

“采菊东篱下，悠然见南山。山气日夕佳，飞鸟相与还。”陶渊明如此写道。今天晚上，就在黄昏时分，我看到两只夏天的大鸟——天鹅座和天鹰座——掠过东方的天空，飞了回来。这是我对夏夜星空了解最多的部分。银河中最明亮的那段溪流被一处暗礁分成两股，由北向南流淌着。在温暖的夏夜，我曾经用双筒望远镜和天文望远镜探索银河。我曾全神贯注地凝视天文台为这些在这条光之河中漂流的美丽超凡的天体拍摄的照片，我也曾亲自在夜空中搜寻到它们。夏夜的银河总是拥有精美的礼物。这里有金色和蓝色的天鹅座β双星，在肉眼看来只是一颗单独的白点，但在小望远镜里，它们就会变成两颗尺寸惊人的太阳。它们中的一颗比我们的太阳亮760倍,另一颗亮120倍,分别呈现出蓝宝石和黄玉的颜色。两颗恒星之间的距离可以容纳55个太阳系一字排开。这是天鹅座61，我常在远离城市灯光的夜晚裸眼观测到它。它只是天鹅身体中数十亿颗恒星中毫不起眼的一颗，却也是最著名的那颗——它是贝塞尔在1838年用三角测距法直接测量出距离的第一颗恒星。天鹅座61距离我们11光年远，也就是105万亿千米，是从陶渊明的庐山到梭罗的瓦尔登湖之间的距离的100亿倍。在所有肉眼可见的恒星中，天鹅座61到地球的距离算是第四近，位列半人马座α星、天狼星以及波江座天苑四之后。这里还有面纱星云，纤维状的气体云形成问号的形状，就和萦绕庐山周围的云雾一样精致。有一次，我在爱尔兰一座山的背阴面用功能强大的双筒望远镜成功观测到面纱星云中最明亮的部分，那是一颗爆发后的恒星所吹出的包层。3万年以前，一颗距离我们1500光年的恒星就在这里爆发了。还有狐狸座的哑铃星云，在我8英寸（约20.3厘米）口径的望远镜中，我看到的它就只是一个简单的天体，是一团星尘，像苍穹中一抹用手指擦过的污痕。我还看到了两个精巧的星座，天箭座和海豚座。我认为它们比那些挤在天空另一端，把它们排挤在外的灿烂星座更惹人喜爱。天箭座和海豚座只是很微小的星座，它们所拥有的仅仅是四五颗五等星。它们在夜晚发出最微弱的光线，只有内行鉴赏家才了解它们的存在。今晚我用肉眼和双筒望远镜收集了夏夜的银河带来的礼物。这个区域里群星堆积如山，光芒黏稠淤积，星尘纷扬凌乱。我看到天河中跃动的大鱼拍打着数光年长的尾巴，繁星点缀的大鸟把羽毛藏在了翅膀下。我渴望看到旧林，我期盼天空中存在着故渊。我站在庭院里,整片旷野都是我一个人的。

※

陶渊明不是隐士，也不是修行者。他没穿苦行僧的刚毛衬衫，也没有为逃离这个世界而去南摩尔修行。他在寻找世界。他的乐趣在于自然、诗歌、书籍、美酒和家庭生活。他种植花卉，为东边树篱下盛开的菊花和盛夏时仍然潮湿鲜嫩的生菜而感到自豪。他在播种和耕作的间歇时而静坐阅读，时而弹奏琵琶。一阵温和的雨伴着“甜风”从东方飘来。陶渊明将目光落在水墨画上，欣赏着山峦、海洋、遥远的天际线，还有雾霭弥漫的森林。于是他写道：“欢来苦夕短，已复至天旭！”

今晚微风拂面，我站在门边，用双筒望远镜扫视人马座。我使劲地研究银河系的核心，如果天文学家们是对的，那么黑洞就隐藏在恒星群中。有一次，我在缅因州的一个黑暗的小海湾里游泳，每次我击打海水，都会激起数以百万计的浮游生物发出冷调光芒。甲藻，这种植物在受到刺激时会闪现出微弱的光亮，使得海洋看起来是在光的旋涡中闪烁，如同通过双筒望远镜观测到的人马座一样。我在纵观星座时，把目光锁定在了人马座γ星的北方。这是一个完美的夜晚，即使没有望远镜的辅助，人马座的星云也非常显眼。在我的仪器的视域中是一片大得荒诞的白色星团。它不是花园树篱上的薄雾，它是一个没有尽头的星系世界。一个有着5000亿个拐角的、任由人身牛头怪物弥诺陶洛斯居住在中心的迷宫，人们面对它时只能手足无措。

难怪我们的祖先想象他们在夜空中看到了鸟类和鱼类、天鹅和海豚、老鹰和鲸鱼、小马、水瓶、竖琴，还有狼。人类宣布天上有88个被官方承认的星座——这88个星座正是我们所熟知的世界在夜晚的荒野中的投影。有些星座非常古老，当摩西在燃烧的灌木丛中听到声音时，它们就已经存在了。这88个星座中的48个早在托勒密所著的《天文学大成》中就已有记录。现存最古老的星图是由中国天文学家石申和甘德在公元前4世纪编制的。中国古人不是以现代天文学的眼光来研究星星的。根据小罗伯特·伯纳姆的说法，他们研究夜晚的自然秩序，然后以此为基础来达到稳固其社会秩序以及与个人生活相融合的目的。那么，我怎样才能让自己的生活与人马座星云相融合呢？这里是否存在尺度上的问题？我是否能按照微生物适应鲸鱼食道的方式适应银河系呢？我们曾一度相信银河是天地之间的桥梁，可现在我们不再这样理解它了！在银河系中，可能存在1000亿个地球以及一个荒诞的、无关紧要的天堂。

然而，我是银河的孩子。夜晚是我的母亲，星尘组成了我的身体，我身体里的每一个原子都经过恒星锻造。当宇宙大爆炸时，就已经有鸟儿渴望着栖息在枝头，有鱼儿渴望在池水里畅游。当第一个星系发光时，就已经有物质努力地向意识转化。人马座的星云是燃烧着的灌木丛。如果人马座发出声音，我怎能像傻瓜一样充耳不闻。

如果上帝在夜晚的声音是微弱的哭泣，那我会竖起耳朵仔细聆听。只要夜晚的微光不至让我头昏眼花，那么我就会坐在黑暗的山坡上守望。听着，看着，等着。等待，永远等待，为了那“脊柱的兴奋”。

※

“孟夏草木长，绕屋树扶疏。众鸟欣有托，吾亦爱吾庐。”我把陶渊明的诗放在一边，倾听夜晚的声音。蟋蟀和猫头鹰、蝉和东风。我回想起春天里一个月光满溢的夜晚，我听到雄性丘鹬在起飞时热情地扇动三次翅膀，发出奇怪的共振颤动的声响，在飞行到最高处时发出清晰的钟声似的鸣叫。如果天球是个能打开的八音盒，那它的音乐一定就是这样的声音。我只是听到了丘鹬的声音，但没有看到它，至少没有在它在月光下飞行的时候看到它。我有时会羡慕某些夜行动物的夜视能力。狐狸眼睛的光敏性被视网膜后面的反射层增强，这层组织被称为照膜（照膜的反射，会使狐狸的眼睛在汽车大灯的照射下闪烁红光）。猫头鹰拥有巨大的像漏斗一样的眼睛，对夜晚微弱的光线就已经非常敏感，以至于它们需要第三层眼睑来产生一种半透明的遮挡效果以减弱白天炫目的光线对自己造成的影响。如果我拥有狐狸或猫头鹰的夜视能力，我也许就能看清丘鹬在月光下的飞行。但我有我的方法，能够让自己听到从看不到的地方发出的声响。即使是现在，我也能听到晚间蟋蟀和蝉的奏鸣，猫头鹰和风的夜曲，以及来自遥远群星的乐声。我曾经看到一只黄蜂将蝉那已麻痹的身体拖到树上。它试图飞得足够高，能让它将沉重的战利品带回巢穴。有时候我觉得如果我能飞得足够高，就可以回到开始的地方，回到我的旧林，回到我的故渊，回到有绿叶繁茂的枝丫摇曳、繁星从东边树篱上如雾一般升起的田园。我甚至想回到创世之初的奇点，去看看鸟和鱼与星系如何一起被抛进那夜晚的旷野。

※

夏天的夜晚，天蝎座在东南天空中燃烧，位于它中心的是心宿二，这颗红色的恒星灼热得像狐狸的眼睛。威廉·亨利·史密斯称心宿二为“炽热的红色”。对我的眼睛来说它是橙色的。这颗星所在的类别被我们称为红巨星。红巨星是垂死的恒星，它臃肿、稀薄、膨胀。我们的太阳也会在耗尽其所有能量的那天膨胀成一颗红巨星。到那时，地球将被焚毁。桃和李子在枝头枯萎，柳树被烧焦，珍贵的菊花化为灰烬。太阳膨胀，我们的桃花源将被周围的荒野吞没。心宿二是颗超巨星。如果它处于太阳所在的位置，也就是在地球1亿5000万千米以外的地方，那么地球就会被这颗超巨星包裹在体内。

在中国古代，天蝎座附近的区域被称为青龙或东方之龙。伯纳姆谈到中国龙时说："它不是中世纪基督教神话中吞噬少女的可怕怪兽，它是令人敬畏的力量与大自然的智慧和庄严的化身。"青龙玉器是中国墓葬文化中常见的艺术品，通常以蜿蜒的杆状，或权杖的形式呈现。这种玉器被称为如意，字面意思是"心想事成"。天蝎座弯曲的尾巴钩住银河。中国人幻想青龙现身于天河之上，降落凡间，赐福于那些对它虔诚敬奉的凡人。今晚，在陶渊明仰望青龙的1600年之后，我目睹了天蝎座的升起。巨大的、拥有红色心脏的天蝎座。它就是如意，是东方之龙，代表着"心想事成"。心想事成？这就是对我的祈祷的回答吗？恒星如此巨大，离我们那样遥远，仿佛对人类无关紧要。它们一直坚定地保持着沉默。它们离得太远，无法听到、更无法回应我的祈求。这是一片冷漠的荒野，肆意地吞噬着周围的一切。

我们有一种逃离荒野的寂静与黑暗的倾向。我们把神塑成偶像，挪进城里去，只有在某些庄严肃穆的时刻才接近他们。可当我们置身教堂和寺院时，谁又会听到荒原里的呼声？谁又会听到风吹动芦苇的响声？谁又会看到银河，这条无限深邃而清澈的河流，这条从春天流入海洋、从创世流入时间的河流，从东边树篱的上方升起？我们是“天蝎”尾巴上拂下的星尘。丘鹬在盘旋升空时鸣叫，野鹅用沉重的翅膀拍打空气。夜晚是旧林，夜晚是故渊。心宿二是一盏灯，燃烧着、闪耀着，在光亮中欢欣跃动。

“狗吠深巷中，鸡鸣桑树颠……久在樊笼里，复得返自然。”我读着陶渊明的诗句，想起了罗特克的祷告：“你这小东西，再靠近些！让我，哦，主啊，最后，做一件简单的事。”今晚的星星近得似乎触手可及。夏天的夜晚，银河与庭院相连，好似一排枝繁叶茂的树篱。星云绽放，如娇艳花朵。织女星、大角星和心宿二灯笼般悬于枝头。这就是我所拥抱的夜晚。亲爱的夜晚。

致谢

特别感谢罗伯特·古力特（Robert Goulet）和安妮·卡里格（Anne Carrigg）对本书做出的重要贡献，特别感谢迈克尔·麦柯迪（Michael McCurdy）用精彩的插画为本书增色。普伦蒂斯霍尔出版社（Prentice Hall）的编辑玛丽·凯南（Mary Kennan）是这本书的温柔守护者。同在普伦蒂斯霍尔出版社的埃里克·纽曼（Eric Newman）用他的专业知识和文字技巧为本书润色了文本。爱丽丝·莫罗（Alice Mauro）和哈尔·西格尔（Hal Siegel）将本书组织成精美优雅的形式。最后要特别感谢弗兰克·瑞安（Frank Ryan）和麦克·霍恩（Mike Horne），是他们在这次朝圣之旅即将启程的时候就已经陪伴在侧。

译后记

作为天文学家和科普工作者，很长时间以来，我都有一个想要解决的问题：究竟用什么样的方式写作才能把看似枯燥艰涩的天文学内容写得扣人心弦，又不失科学性？两年前我开始接触非虚构写作与创意写作，希望能借此学习相关知识并提升自己的科学写作水平。

可是，我大量阅读，不断寻找，都没能得到我想要的答案。我读了大量关于非洲某个地区所传播的严重疾病的事例——这本身就事关人的生死，具有天然的话题感；也读到某种海洋生物集体搁浅的报道——我们对生命的同情总是来得猛烈；当然，也读了一些著名成功人士的生活细节——我们需要八卦，这是生活中重要的调味品……

我从来没看到过有人专门讨论如何把银河系与平行宇宙的事情描述得特别优美，直到我读到罗伯特·鲁特（Robert Root）所著的《非虚构作家指南：关于创意非虚构的阅读和写作》一书，书中多次提到天文学家切特·雷莫（Chet Raymo）的作品 *THE SOUL OF THE NIGHT: An*

Astronomical Pilgrimage（本书的英文原版）。我十分吃惊，一部专业作家教授写作知识的教科书，竟然大量引用了天文学家的科普小册子作为教学案例，这本小册子到底有什么特别呢？

由此，我对切特·雷莫的著作以及他本人产生了浓厚的兴趣。当时国内还没有引进这本小册子，了解的人也不多，我只好委托在美国读书的朋友帮我带英文版回国。只粗略翻阅，我就再也放不下了。

全书开篇，作者绘声绘色地描述了波士顿大街上的滑板少年撞倒了一个小女孩的事情。有魔力般的语言，将这个原本仅持续了2秒钟的过程延伸到了十几分钟。在滑板撞倒孩子的一瞬间，仿佛一切注意力都被攫取，所有声音都凝固冻结。千钧一发之际，作者却转而开始讲述宇宙中的寂静时空和超新星爆发的遗迹。宇宙运转，被撞飞的孩子正好落地，波士顿大街又重新喧闹起来。

天哪！我从来没有读过以这样的语言写就的天文学内容，我从来没有想过在宇宙真空中声音无法传播的道理还可以这样讲述。

这根本就不是文字，而是活生生的电影，是蒙太奇！每每读到，立刻就可以在我眼前显现出动态的画面。翻译这本书是一种享受，是我当时最大的乐趣。

所以，我积极地推动这本书的引进工作，希望在以最快的速度完成翻译的同时找到愿意将其引进国内的出版者。感谢“未读”的边建强老师慧眼识珠，以迅雷不及掩耳之势，凭借无可争议的竞争力拿下了本书的中译本版权。感谢宁书玉编辑，在本书的润色、校对甚至改译过程中倾尽了心血。

如果说，从无意中遇到这本书，被它震撼，再到翻译它的整个过程，我都是一个人享受着发现好书的乐趣，陶醉在书中的精彩段落，满足于个人的一点点小愿望的话，那么在它即将付梓之时，我必须借这个机会，把我的感受传递给你，希望它也能打动你，打动更多读者。

这本书真正打动我的地方，概括起来说有两点。

第一,作者的语言太过美好。如果不是读到这本书，我可能一直都会觉得关于天文学的科普知识与诗意优美的语言之间毫无联系。我甚至怀疑，如此高层次的文字驾驭能力对于科学表达来说是多此一举的奢侈品。现在，雷莫教授用这本书为我们提供了一个范例，打开了天文学科普的一扇窗。他告诉我们，在阅读——甚至写作与恒星有关的文字时，可以考虑这件事在人类历史上产生的文化符号，也可以借助此时此刻身边的一草一木共同营造出电影场景般的浪漫感；可以让家人在科普作品里登场，也可以在令人目眩的科学知识间大谈诗歌和美术。

第二，作者的学识太过渊博。不，学识可能只是一个不那么重要的角度，更严谨的说法是——作者的文化素养极高。翻译这本书最艰难的部分是处理作者信手拈来的大量现代诗歌，还要将作者随口提及的动植物种类一一核对确认。我从来没有读过其他任何能够涉猎如此宽广的文化领域的天文学科普作品。

通过以上两点，我得到了启发：天文学科普，甚至全部科学门类的科普，其本质绝不仅仅是把一门专业课通俗化这么简单。科普的本质，是文化素养的感染。说得再深一层，科普的本质是人类文化符号的贯穿。这是什么意思呢？

人类文化，本质上就是一个符号系统演化的过程。无论是名人堂还是科技史，留在历史上的只是一个符号，还有关于这个符号的一系列认知。在读者对银河系产生兴趣并逐步理解它之前，读者的心中就已经存在留存于整个人类社会的关于银河系的文化符号与朴素认知。科普的出发点，是对这些文化符号的梳理与唤醒。

这个启发适用于写作，同样也适用于阅读。

高爽

2019年6月18日 北京

给仰望者的天文朝圣之旅
〔美〕切特 · 雷莫 著
高爽 译

图书在版编目（CIP）数据
给仰望者的天文朝圣之旅 /（美）切特·雷莫著；高爽译 . -- 北京：北京联合出版公司，2019.12（2020.5 重印）
ISBN 978-7-5596-3376-7
Ⅰ . ①给… Ⅱ . ①切… ②高… Ⅲ . ①天文学－普及读物 Ⅳ . ① P1-49
中国版本图书馆 CIP 数据核字（2019）第 262873 号

THE SOUL OF THE NIGHT: An Astronomical Pilgrimage
by Chet Raymo

Published by agreement with the Rowman & Littlefield Publishing Group through the Chinese Connection Agency, a division of The Yao Enterprises, LLC.

北京市版权局著作权合同登记号 图字：01-2019-7570 号

选题策划 联合天际 · 边建强
责任编辑 徐 鹏
特约编辑 宁书玉
美术编辑 程 阁
封面设计 徐 婕

出 版 北京联合出版公司
北京市西城区德外大街 83 号楼 9 层 100088
发 行 北京联合天畅文化传播有限公司
印 刷 三河市冀华印务有限公司
经 销 新华书店
字 数 121 千字
开 本 787 毫米 × 1092 毫米 1/32 8.25 印张
版 次 2019 年 12 月第 1 版 2020 年 5 月第 2 次印刷
I S B N 978-7-5596-3376-7
定 价 55.00 元

关注未读好书

未读 CLUB
会员服务平台